"十二五"国家重点出版物出版规划项目

地域建筑文化遗产及城市与建筑可持续发展研究丛书

国家自然科学基金资助项目

哈尔滨新艺术建筑

Art Nouveau Architecture in Harbin

刘大平　王　岩　著

哈尔滨工业大学出版社

▌前言

　　近代史上总有许多的出乎意料，譬如 19、20 世纪之交中东铁路的修筑使哈尔滨由一个名不见经传的小渔村一跃成为东北亚地区颇具影响力的现代化城市，也使发源于西欧的新艺术建筑随着铁路建设竟在东方的哈尔滨落地生根、开花结果，书写了这个城市与建筑的一段传奇。

　　哈尔滨新艺术建筑是独一无二的。它源自俄罗斯，继承了俄罗斯新艺术建筑的设计语言，即在吸收借鉴西欧新艺术建筑特色的基础上，还融入了当时俄罗斯的民族浪漫主义和地方做法。因此，哈尔滨新艺术建筑既有西欧新艺术的形式语言，又有鲜明的俄罗斯新艺术特色，同时还发展了多种折中新艺术的做法，使哈尔滨新艺术建筑异彩纷呈的同时又展现出鲜明的地域文化特点。它拂去了一些欧洲新艺术建筑中的繁复矫饰，代之以简洁、舒展和大方；它融合了多种建筑语汇，尽管它的总体设计水平还无法与欧洲杰出的新艺术作品相媲美，然而最终发展出的是兼容并蓄的哈尔滨地域特色。哈尔滨边缘文化空间的开放性，也使得来自西方的新艺术建筑在这个东方的城市里获得了与西方迥异的、但是更大的发展空间，形成新艺术建筑西风东渐中一个特别的传播节点。新艺术建筑为哈尔滨的建筑乃至整个城市奠定了基调，那就是时尚、创新。

　　然而人们对哈尔滨新艺术建筑的认知尚有很多不足。哈尔滨新艺术建筑不仅仅是简单的移植和复制，更有众多积极进取的创新。它是整个城市中分布最广、影响力最大的一种建筑艺术形式，其特色之鲜明、类型之广泛、持续时间之长在中国近代城市乃至世界范围内罕有。它是 19、20 世纪之交国际上最流行的、也是最具现代性的建筑形式，凭借新艺术建筑，哈尔滨实现了与世界性建筑文化的同步，确立了 20 世纪上半叶在整个中国建筑中无可替代的地位。哈尔滨新艺术建筑也成为中国近代建筑史上一份颇为厚重的建筑遗产。对于这份宝贵的遗产，我们有理由好好珍藏、细细品味，更要有能力让它笑对世界和未来。

　　本书所述的"新艺术"，英文为 Art Nouveau，来源于法语，国内大多译成"新艺术运动"。经反复查阅和推敲，发现在外文文献上几乎看不到 Art Nouveau 后面再加 Movement（运动）一词，反倒是在后面加 Style（风格）一词的比较多见；加之 Art Nouveau 本身也不具备作为一种运动所应有的统一而明确的宗旨、目标以及倡导者，而更像是流行于某一时期的一种思潮或风格，它是西欧多个地区的艺术家和设计师在几乎相同的时间段里不约而同地进行的探索和尝试。因此，本书对哈尔滨这类风格的建筑统称为"新艺术建筑"，在行文中也去掉了引号，只因在本书的语境中，新艺术仅指 Art Nouveau 而非任何其他含义。

刘大平　王　岩

2015.12

▌Preface

There would be no lack of such astonishments at the turn of the 19 and 20 century, as the construction of Chinese Eastern Railway (CER) totally turned Harbin, an unknown small fishing village at that time, into a new influential modern city in northeast Asia; and also as the Art Nouveau architecture which originated in Western Europe unexpectedly arrived in Harbin along with the railway construction, rapidly grew, bloomed and flourished here, and finally contributed a miracle of the city and its architecture.

The Art Nouveau architecture in Harbin is unique undoubtedly. It was introduced in by Russia and inherited the design languages of Russian Art Nouveau, which had not only the features of Art Nouveau in western Europe, but also combined with National Romanticism and local design of Russia at that time. As a result, it presented both the formal languages of Western European Art Nouveau and the prominent Russian Art Nouveau characteristics; meanwhile it developed design languages of a sort of eclectic Art Nouveau architecture, which became the local features among the diversified designs in Harbin. It dismissed the sophisticated decoration from the European Art Nouveau and chose simplicity, patulousness and decorousness instead; it combined various design languages and finally created the regional characteristics of compatibility in Harbin, though its general design standard could not rival that of the Art Nouveau master pieces in Europe. Moreover, thanks to the openness of marginal culture of Harbin, Art Nouveau architecture possessed a much larger developing space in the city, which was rather different with that in the west, and thus formed a distinct node within the process of cultural transmission from the west to the east. To be more significant to Harbin, Art Nouveau founded the basic tune of the city and its architecture, which is vogue and innovation.

However, Art Nouveau architecture in Harbin has not been well introduced or properly acknowledged in the past. In fact, on the opposite side of what has been taken for granted, it is not only simplex transplantation or a copy of European style, but also full of more positive creation in Harbin. It is the most widely distributed and most influential architectural style in the city, with distinctive features, abundant usages, and the longest time of duration which could hardly be seen in other cities in China and even in the world. Due to the Art Nouveau architecture which was most popular and most modern style at the turn of the 19 and 20 century, Harbin became synchronous with global architectural culture during this period and eventually obtained its position which was irreplaceable in the first half of the 20 century in China. In this sense, Art Nouveau architecture in Harbin is much more precious among the architectural heritages of modern China, which deserves to be well protected, perpended, and relished, and man should have the ability to make this treasure confident to face the world and the future.

LIU Daping　WANG Yan
December 2015

目录
Contents

5.2 商业建筑 / 210
Commercial Buildings

哈尔滨新艺术建筑产生的历史背景
The Originating Background of Art Nouveau Architecture in Harbin

哈尔滨的新艺术建筑是中国近代建筑史上一份颇为厚重的建筑遗产，其特色之鲜明、类型之广泛、持续时间之长在中国近代城市乃至世界范围内都是罕有的。哈尔滨新艺术建筑无疑是伴随着哈尔滨这座具有殖民特色城市的产生、在 19 世纪末至 20 世纪初中国社会发生现代转型的大背景之下孕育、形成和发展的，它有着明确的西方源头和移植轨迹，在一系列历史因素的促动下，在东方的哈尔滨落地生根、开花结果，最终成为哈尔滨最具特色和最具代表性的建筑。

1.1　中东铁路的修筑与哈尔滨城市的现代转型

提及哈尔滨，这个曾经享有"东方莫斯科""东方小巴黎"美誉的城市，有一个词始终是无法绕过、无法回避的，尤其是有关这个城市建城之初的种种，这个词就是中东铁路。

中东铁路（Chinese Eastern Railway，简称 CER）是俄罗斯西伯利亚大铁路穿越中国东北境内的一段，它之所以能够堂而皇之地穿越中国境内，与 19 世纪末中国与俄、日两国政治经济的博弈密切相关。

俄国从 19 世纪 50 年代起就迈开了工业革命的步伐，60 年代起又在世界范围的修筑铁路的热潮中开始大规模修筑铁路，80 年代起开始将铁路修到东部的西伯利亚地区，90 年代又开始了横贯俄罗斯东西的西伯利亚大铁路的修筑，这条铁路迄今为止仍是世界上最长的铁路线。

不断崛起的俄罗斯帝国，始终觊觎着它的邻邦——一个富饶但是已经衰朽的大清帝国。1858 年中俄《瑷珲条约》、1860 年《中俄北京条约》使俄国人不仅从大清国划走了一百多万平方公里的土地，还得到了梦寐以求的太平洋沿岸唯一的不冻港符拉迪沃斯托克，即中国人所称的海参崴。

日本在 1894 年发动了侵略朝鲜和中国的甲午战争，这在客观上促成了中俄关系的调整。1896 年，西伯利亚大铁路工程进抵贝加尔湖地区，俄国人从欧洲直达太平洋岸边的梦想已经近在眼前。但铁路想要从赤塔铺到符拉迪沃斯托克，必须绕过辽阔的大清国东北地区。铁路如何继续前进，这引发了俄国决策层中的三种不同意见。其中之一是财政大臣维特提出的，即借道中国东北北部的广阔平原及丘陵地带，直达符拉迪沃斯托克。这一方案将大大缩短线路的长度，节省巨额开支，还能在中国境内解决征召劳动力的问题。最终，在沙皇的支持下，维特得以创造历史。

采取穿越中国境内的做法，既大大缩短了铁路的距离，避开了地势险峻的路段，又可以对中国东北地区实施强有力的政治和经济渗透，实现俄国人梦寐以求的进入堂堂的天朝上国的理想。"千里广土，百余年国禁不许开垦之未辟精华，安得令强邻不艳羡？"[1] 彼时，中国的清政府刚刚在与日本的甲午海战中失利，对于日本的担忧迫使清政府迫切需要借助其他力量来取得对日势力的平衡，而沙俄则适时地站了出来。

1896 年 6 月 3 日，李鸿章代表清政府与俄国签订《御敌互相援助条约》，又称《中俄密约》。

《中俄密约》的重点是两国在受到日本侵略的时候相互援助，同时，允许俄国人"借地筑路"，并将建造这条穿越中国东北地区的铁路的特权授予一家所谓的中俄合资银行。而那条贯穿中国东北将西伯利亚大铁路以最短的路径连通至太平洋西岸的铁路，最终被命名为大清东省铁路，简称中东铁路。

若干年后，维特在自己的回忆录里道出了当初所谓"借地筑路"的真正目的："在当时瓜分中国是远东问题的实质，各国的当务之急是如何从这些衰朽的东方国家，特别是从庞大的中华帝国的遗产中，尽可能分得大的一份。"[2]

可见，所谓的"借地筑路"实则是中俄两国政治经济利益争夺博弈的结果，这一结果足以显示当时中俄两国国力对比的悬殊。

1896年9月8日，中俄签订《合办东省铁路公司合同》，铁路勘测选址工作随即展开。

中东铁路的线路勘测从1897年7月第一批俄国勘测人员进入中国之后，一直持续到1900年的上半年。俄国人为加快铁路施工的速度，采取边勘测、边施工的办法。当时的考察队沿松花江逆流而上，经过了一个叫哈尔滨的地方。考察队看到了紧邻江岸的傅家店和四家子等村落，也看到了江边的集市和渡口，还有一座悬挂着龙旗的兵营。从江的南岸向内纵深数里的地方，有一个小村庄叫田家烧锅，而在上游不远处的江北还有一座清兵水师营……这些史料中记载的文字为后人勾画出哈尔滨肇始之初的样子。可以看出，彼时的哈尔滨，还是一个名不见经传的小渔村，清政府在此地也没有设治。如果没有外力的介入，很难想象其发展会有迅速脱离原有的轨道而进入快速现代化的可能（图1.1.1）。

1897年8月28日，在中国小绥芬河右岸的三岔口附近，举行了中东铁路的开工典礼。出席典礼的有三岔口中国地方官员、以总工程师尤戈维奇为首的中东铁路工程局官员，还有乌苏里铁路管理局的官员和临近的俄国地方官员。

1897年12月14日，沙俄舰队以保护中国为借口开入旅顺口和大连湾。

1898年3月迫使中国签订《旅大租地条约》。中俄再次签订《东省铁路公司续订合同》，继续修筑从哈尔滨

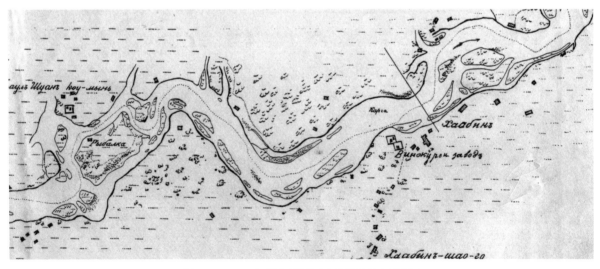

图 1.1.1 1895 年俄国人所绘哈尔滨附近村庄目测图

至旅顺口的中东铁路南部支线。从此，这条巨大的丁字形的中东铁路永久地印刻在了中国东北的版图上，而哈尔滨也成了这条丁字形铁路大干线上最引人注目的交汇点。

1898 年 4 月，铁路建设工程局及勘测队首先在田家烧锅附近落脚，营建了简易居所。那里即是后来被称为老哈尔滨、今天被称为哈尔滨市香坊区的地方。

1898 年 6 月 9 日，以俄罗斯副总工程师依格纳奇乌斯为首的第一批建设人员进驻了被中东铁路工程局买下并经过改建的田家烧锅的中国房子，同时将中东铁路工程局从符拉迪沃斯托克移至哈尔滨。由此，中东铁路公司将这一天确定为中东铁路的纪念日，后来俄国人甚至把这一天作为哈尔滨这座城市的诞生日。从此，松花江畔的这片沃土永远告别了往日的宁静，中东铁路以哈尔滨为中心枢纽，分别向东、西、南三个方向延伸开去（图 1.1.2）。

至 1903 年 7 月 14 日，全长 2 489.2 公里的中东铁路全线正式运营通车。漫长的铁轨穿越东北大地的同时，一种被称为"铁路附属地"的殖民地形式随之而来，铁路沿线广大范围内的一系列的主权、利权又面临新一轮的流失。

如果说铁路的修筑仅仅是俄罗斯进入堂堂天朝上国的第一步，那么随之而来的划定所谓"铁路附属地"并在其内展开一系列的城市建设活动才是真正关键的步骤及修筑铁路的真正目的和意义所在——"铁路附属地"不仅要满足铁路建设需求以及筑路人员的基本生活需求，更为重要的是借此机会开展真正的城市建设，实现沙俄建设黄色俄罗斯的梦想。所以在铁路开工之初的 1899 年，中东铁路管理局即开始为哈尔滨制定比较详细完善的城市规划。

作为中东铁路枢纽以及铁路管理中心的哈尔滨，其城市建设无疑要充分考虑俄国在远东的政治经济以及军事利益的需要，要使之成为俄罗斯在远东的另一个中心，同时也要满足俄罗斯移民的生活之需以及怀恋故国文化等精神之需。因此，哈尔滨早期的城市规划，既利用了松花江南岸丘陵起伏的地理条件，又结合了 19 世纪末在欧洲尤其是俄罗斯的帝都圣彼得堡以及莫斯科仍在流行的颇具气势的巴洛克规划思想，同时也借鉴了 19 世纪新兴的花园城市理念，在划定的所谓"铁路附属地"内迅速实施。

田家烧锅是中东铁路工程局首先入住的地方，最初的城市建设也首先从这里开始。仅 1898 年中东铁路开工第一年，俄国人就已在香坊田家烧锅一带建立了气象站和餐厅，开办了华俄道胜银行哈尔滨分行，建造了东正教圣尼古拉教堂以及第一所铁路小学、第一家商铺等。最初俄国人是想把城市中心建在这里的，甚至还设计了中东铁路工程局总工程师和副总工程师的豪华住宅。但是很快，从 1899 年开始，城市建设和管理的中心就转到了地势条件更为优越的秦家岗

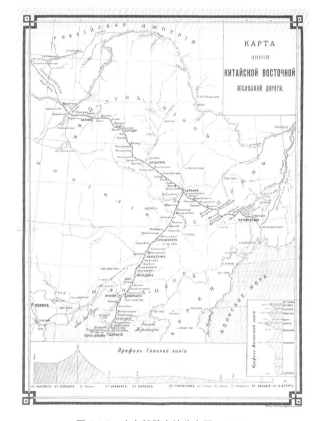

图 1.1.2 中东铁路车站分布图，1903

（即现在的南岗区）。

　　"秦家冈者，乃久无人迹之地……俄公司即占香坊为起点，初意亦就香坊经营都会。乃续见冈地爽垲，濒江而不患水，尤占优势，于是于冈建都会。今划入界内者一百三十二方华里，已建石屋三百所，尚兴筑不已，盖将以为东方之圣彼得堡也。哈尔滨左近，扼满蒙之正中，濒松江之大水，洵为无上之要区。既已数百年荒弃，则俄人度地经营，亦势所必至之事……"[1]

　　1899 年春，建筑师 A·K·列夫捷耶夫就为哈尔滨制定了总体规划（图 1.1.3），按照规划，地势最高的秦家岗被选作新的城市行政中心，并被进一步细分为行政区、商业区和居住区。规划出几条主要的大街用来建设最主要的行政办公建筑及其他大型公共建筑。围绕着 1899 年落成的巍峨的东正教圣尼古拉大教堂，迅速建起了中东铁路管理局、中东铁路俱乐部、莫斯科商场、中东铁路管理局宾馆、哈尔滨火车站、华俄道胜银行等重要的公共建筑以及一批中东铁路高级官员住宅。短短几年之内，新城区迅速崛起，成为哈尔滨市的行政管理和社会文化的中心。

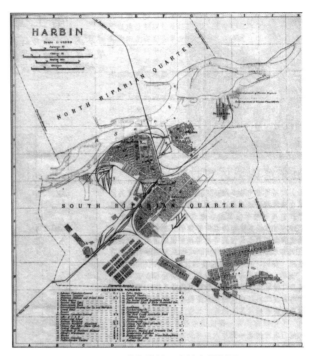

图 1.1.3　哈尔滨第一个城市规划图

　　紧邻松花江岸边的埠头区，最早即是由于修筑铁路的大批工程原料及筑路设备器材等都要顺着松花江这条便捷的水路通道运至哈尔滨而得名。这里是泊船的码头，具有重要的水路物资转运功能，随着筑路人员和大批俄国人的涌入，有众多商人也聚集在附近，并积极投身于开发码头周围的土地。这片区域即被规划为城市的商业区。以中国大街等垂直于松花江的主街为骨干，形成纵横交织的密集的方格形商业街网络和街坊。

　　上述三个主城区之外，铁路管理局还规划了以铁路机车车辆厂为核心的工厂区、兵营区以及其他居民点。当时中国人聚居的傅家店地区虽然没有划归铁路附属地管辖，但是其发展始终和铁路附属地内的发展密切联系在一起，直至伪满时期最终被划入整个哈尔滨市的版图。

　　1902 年，一手缔造了中东铁路的俄国财政大臣维特在视察了哈尔滨的建设之后说，哈尔滨处于十分有利的地位，将很快发展成大型的商贸中心，并将成为俄国设在满洲中心地区的最大城市，这对巩固和加强俄国在这一地区的政治经济方面的优势地位具有十分重大的意义[3]。

　　中东铁路附属地内繁忙的建设活动带来了一系列崭新的变化，原来的小渔村逐渐呈现出一个新的现代化城市的面貌，从原有的分散的自然经济，迅速转变成商品经济。高楼林立，人流熙攘，华洋杂处……原有的一切在短时间内迅速发生了现代转型。这个转型是不折不扣的全方位的，从城镇的形态到建筑的类型、样式，从人们的生活方式、社会心理到教育、管理、生产、经营……彻底打破了原有社会的一切平衡，并且丝毫不以原有社会的意志为转移。铁路真的"不仅仅是一种经济力量，同时也是一种文化和社会力量"，"它重塑了乡村城市的面貌并改变了社会"[4]。

　　当然，发生在哈尔滨的这场转型无疑是建立在西方文化的大举植入的基础上的。以铁路为媒介，哈尔滨在短短几年内迅速完成了城市化进程，在极短的时间里成为了一个现代化城市，并且全面移植了欧洲文化。新的建筑类型大量涌现，火车站、办公楼、商场、影院、教堂、俱乐部、银行、领事馆、邮局……新的建筑风格包括传统的俄罗斯民间式、古典式、新型的新艺术样式等纷纷登场，加之大量的俄罗斯移民以及其他欧洲移民把他们的生活方式也带到了哈尔滨，全面主导了整个社会的文化氛围，"东方莫斯科""东方小巴黎"的头衔精确地概括出哈尔滨这个城市现代转型的成果。

在很短的时间内，哈尔滨迅速成为侨居中国的俄罗斯人的居住和生活中心，1920年代初，哈尔滨的人口数量已经明显超过了比哈尔滨建城时间早50年的符拉迪沃斯托克、布拉戈维申斯克、哈巴罗夫斯克等俄罗斯远东城市[3]。

1.2 新艺术建筑来到哈尔滨

新艺术建筑，或者如过去的译名，新艺术运动建筑，流行于1890—1910年的西欧，又迅速传播到东欧的俄罗斯等地。中东铁路开工修建之初，恰是新艺术建筑在俄罗斯的圣彼得堡、莫斯科甚至远东的哈巴罗夫斯克、海参崴等地最兴盛之时。那时俄罗斯帝国深受西欧文化影响，而法国则一直占据欧洲艺术的领军地位。18世纪以后俄罗斯与法国和西欧国家之间一直保持着密切的文化和艺术的联系，尽管19世纪末的法国学院派的复古思潮仍然占据相当的地位，但是新兴的艺术家和设计师以探索适应新时代的新的艺术形式为己任，积极在多个艺术领域进行各种尝试，这在以法国为中心的西欧已经蔚然成风，这一时期的很多探索的结果包括新艺术风格借助各种传播媒介，从代表着主流文化的西欧传至更广的地区，到俄罗斯后自然而然地被看作一种时代潮流，处于自身探索之中的俄罗斯设计师也纷纷跟进，加入到新的时代大潮之中。

与此同时，在俄罗斯伸向远东的触角中，中东铁路的修筑以及哈尔滨铁路附属地的划定，使俄国人开始把哈尔滨作为其在远东的一个新的殖民地来建设，这里几乎从零开始的城市建设也为俄罗斯的设计师提供了各种探索的试验场。1903年出版的《中东铁路大画册》，以俄罗斯摄影师的视角拍摄了这条铁路的修筑过程及铁路沿线城镇的建设状况，也记录下了崭新的新艺术风格在铁路沿线、包括哈尔滨的传播踪迹（图1.2.1）。

于是，在中东铁路建设之初，在哈尔滨的一系列大型公共建筑以及居住建筑上，都无一例外地采用了当时风头正劲、最为时尚的新艺术建筑风格。1904年建成的哈尔滨火车站，是中东铁路上最大的旅客运输枢纽站，在19世

| a 画册插页 | b 画册扉页 | c 列车餐车室内照片 |

图1.2.1 《中东铁路大画册》中新艺术运动风格的装帧与图片

纪末大型铁路车站已经成为时代艺术精神先锋的背景下成为展现俄罗斯风采的第一个窗口，坚决地采用了新艺术运动建筑风格；1904 年竣工的原中东铁路管理局大楼、1904 年落成的原中东铁路管理局宾馆、1906 年的莫斯科商场以及原中东铁路管理局局长、副局长官邸和一系列原中东铁路高级职员住宅……全部都建成了新艺术建筑样式。

短短几年内，就有一批杰出的新艺术建筑落成，包括：

原香坊公园餐厅（已毁），建于 1898 年 5 月 8 日，Ｂ·Ｈ·维谢洛甫佐罗夫建立 [5]*，坐落于原香坊公园内，其入口和窗采用了典型的新艺术曲线形式，被公认为哈尔滨第一座新艺术风格的建筑，并且公园的围墙也同样采用了新艺术形式。（图 1.2.2、图 1.2.3）

原中东铁路管理局局长官邸（耀景街，已毁），1902 年 3 月竣工，但局长霍尔瓦特并未居住于此；1907—1910 年作为中东铁路俱乐部及图书馆，1911 年后用作俄国总领事馆，1920 年代以后用作前苏联驻哈尔滨总领事馆。（图 1.2.4）

原外阿穆尔军区司令 Ｈ·Ｍ·契恰戈夫将军官邸（已毁），与原中东铁路管理局局长官邸的设计完全一样。（图 1.2.5）

原中东铁路管理局副局长 Ｍ·Ｅ·阿法纳西耶夫住宅（联发街），1900 年前后建成。（图 1.2.6）

原中东铁路高级官员住宅（联发街），建于 1904 年。

原中东铁路理事公馆（红军街），1908 年 10 月落成，1921—1924 年为东省铁路管理局局长奥斯特罗乌莫夫住宅 [5]。（图 1.2.7）

---

* 李述笑编著的《哈尔滨历史编年（1763—1949）》中记载为原香坊气象站，1898 年 5 月 8 日，由 Ｂ·Ｈ·维谢洛甫佐罗夫建立；（俄）Ｈ·Π·克拉金所著《哈尔滨——俄罗斯人心中的理想城市》中记载为哈尔滨第一座餐厅，由一位俄罗斯化的德国人科凯利开办；1903 年出版的《中东铁路大画册》中记载为1902 年香坊公园中的饭店。本文从图片所见推测，认为该建筑有可能是餐厅兼做气象站（图中高塔部分疑似气象塔）。

图 1.2.2　原香坊公园餐厅

图 1.2.3　原香坊公园围墙

图 1.2.4　原中东铁路管理局局长官邸

原中东铁路管理局副局长 С·П·希尔科夫住宅（公司街），1908 年落成[5]。希尔科夫 1906 年继依格纳齐乌斯任中东铁路管理局副局长。（图 1.2.8）

原哈尔滨商务俱乐部（上游街），1902 年始建，1903 落成。

原哈尔滨火车站（已毁），1904 年落成，建筑设计师为基特维奇[5]。（图 1.2.9）

原中东铁路管理局大楼（西大直街），1902 年始建，1904 年 2 月落成，1906 年重建，建筑师 И·И·奥勃洛米耶夫斯基，施工技术员谢列勃梁尼科夫[5]。（图 1.2.10）

原中东铁路管理局宾馆（红军街），1904 年落成，由中东铁路副总工程师 С·В·依格纳齐乌斯负责设计，技术员柳罗组织施工[5]。（图 1.2.11）

原莫斯科商场（红军街），1906 年始建，1908 年落成。（图 1.2.12）

原中东铁路技术学校（公司街），1904 年始建，1920 年在此开办哈尔滨华俄工业技术学校，1922 年改称哈尔滨华俄工业大学（图 1.2.13），即哈尔滨工业大学前身。

马迭尔宾馆（中央大街），始建于 1906 年，1913 年全面竣工，设计师是 С·А·维萨恩，改建设计在 П·С·斯维里多夫监督下实施。（图 1.2.14）

原南满铁道"日满商会"（果戈里大街），1907 始建，1917 年设立南满铁道株式会社哈尔滨公所。（图 1.2.15）

……

图 1.2.5 原 Н·М·契恰戈夫将军官邸

图 1.2.6 原 М·Е·阿法纳西耶夫住宅

图 1.2.7 原中东铁路理事公馆

图 1.2.8 原 С·П·希尔科夫住宅

图 1.2.9　原哈尔滨火车站

图 1.2.10　原中东铁路管理局

图 1.2.11　原中东铁路管理局宾馆

图 1.2.12　原莫斯科商场

图 1.2.13　原中东铁路技术学校

图 1.2.14　马迭尔宾馆

图 1.2.15　原南满铁道"日满商会"

上述建筑均始建于 1910 年前，大部分都是与中东铁路及其运行管理密切相关的建筑，多位于城市的行政中心新市街（即今南岗区）。这些建筑无一例外地采用了当时欧洲最为流行的新艺术建筑风格，可以说为整个城市的建筑奠定了基调。

在建城之初的新艺术建筑大潮之后，伴随着俄国十月革命和内战而来的第二次移民大潮又席卷哈尔滨，更多的设计师和上层知识分子来到哈尔滨这个生机勃勃的地方，掀起了新一轮的建设大潮，建筑类型以及建筑形象更加丰富多彩，建筑师在哈尔滨已经展露风采的"东方小巴黎""东方莫斯科"的形象上继续添砖加瓦。在 20 世纪 10 至 30 年代，西欧的新艺术建筑已偃旗息鼓、改弦更张，可是在东方的哈尔滨，建筑师和设计师依然故我，一如既往，对新艺术建筑青睐有加，不断地有新艺术风格的建筑作品问世，如建于 1910 年的原阿谢耶夫洋行，1919 年 9 月 22 日落成的原吉林铁路交涉局，1920 年落成的原丹麦领事馆，建于 1924 年 9 月的原意大利领事馆，始建于 1925 年的原俄侨事务局（已毁），1926 年始建、1927 年落成的原密尼阿久尔茶食店……还有更多的以折中主义为主要特色的建筑作品，虽没有采用新艺术建筑的整体设计，但是在建筑的一些重点部位如门窗、女儿墙、楼梯和阳台栏杆上均采用新艺术的语言，如 1912 年竣工的原契斯恰科夫茶庄，1927 年建成的原哈尔滨总商会等。

在另一些建筑上，以新艺术的典型符号作为装饰的做法也成为一种流行。比如由一或两个圆环加三条短线段构成的墙面装饰符号、扁弧线、抛物线、三个或四个一组的方形或圆形组合以及圆角方额窗等被大量应用在各种类型的建筑上，甚至影响到道外区那些中国人自己建造的建筑上，使人一瞥之间迅速感受到新时代的新形式。

可以毫不夸张地说，哈尔滨已成为远东地区绝无仅有的新艺术之城。

1.3　哈尔滨新艺术建筑师

这里所称的哈尔滨新艺术建筑师，并非特指某一类建筑师，也并非是专门从事新艺术建筑创作的建筑师。在哈尔滨的建筑历史上，建筑师的作品风格也往往不是一成不变的。在 19 世纪末 20 世纪初的哈尔滨从事建筑创作的建筑师大多是伴随着中东铁路的修筑而来到哈尔滨工作的俄罗斯工程师和设计师，其中的一些人把当时欧洲正在流行的新艺术建筑创作同步地带到了哈尔滨，在哈尔滨留下了比较有影响的新艺术风格的建筑作品，他们为哈尔滨这座中国仅有的"新艺术之城"奠定了新艺术的基调，留下了宝贵的新艺术建筑遗产。这些建筑师和工程师正是本文期待加以介绍的，下述相关建筑师和工程师的史料主要来源于俄罗斯哈巴罗夫斯克国立技术大学 Н·П·克拉金教授的研究成果。

哈尔滨的第一批俄罗斯建筑师是伴随着中东铁路的修建而出现的。修筑中东铁路之初，中东铁路的总工程师尤戈维奇不仅招募了在俄国修筑铁路时曾在他身边工作过的、他所熟悉的工程师，还为中东铁路的建设招聘了大批毕业于圣彼得堡和莫斯科运输学院及圣彼得堡民用工程师学院的青年工程师 [3]。此外还有毕业于美术学院、交通学院及工业技术学院和军事工程学院的毕业生。他们在铁路建设完工后继续留在中国的东北从事各种建设活动。

除了这些学校的毕业生，俄罗斯革命和内战前后随着移民大潮来到中国东北的还有从里加、基辅、哈尔科夫及托木斯克的技术学院毕业的学生，甚至有一少部分的人是在国外（欧洲的一些国家）的一些院校完成的学业。他们所受的专业教育有所不同，包括美术、建筑学、民用及军用工程学、交通工程学、技术工程学、建筑工程学及矿山工程学等，但是这些人都有建筑设计及建筑施工的资格。从这个意义上看，他们都可以被称为建筑师。他们在中东铁路沿线的城镇里留下大量的建筑作品，对城市的形成和发展产生重要影响，但是他们在俄罗斯本国却鲜为人知。

应该说，在哈尔滨建城之初来哈尔滨工作的工程师和建筑师，对整个城市建筑风格的影响是最大的。然而颇为遗憾的是，由于一些史料的局限，这些建筑的设计者我们还无法全部查实，但是我们从中还是会记住一些设计者的名字：И·И·奥勃洛米耶夫斯基，С·В·依格纳齐乌斯，С·А·维萨恩，П·С·斯维里多夫，Ю·П·日丹诺夫……此外，还有在这个城市的市政管理机构担任过领导职务、落实完成了一系列与城市建设密切相关的建设项目的建筑师，如哈尔滨第一任城市建筑师А·К·列夫捷耶夫。

民用建筑工程师阿列克塞·克列缅季耶夫·列夫捷耶夫（图1.3.1），1893年毕业于圣彼得堡民用工程师学院，来哈之前曾在乌苏里斯克铁路工程局技术处任职，后兼任符拉迪沃斯托克市城市建筑师一职[3]。他是哈尔滨第一位建筑设计师，制定了哈尔滨第一个城市规划（1899年），从1899年春天开始他就一直负责新城区的很多大型工程的建设，包括火车站前中央病院的几栋大楼的设计，被认为是哈尔滨城市建设的奠基人，1901年离哈赴旅顺[3]，在旅顺仍从事建筑设计工作，并在那里为自己修建了一座新艺术风格的住宅（图1.3.2）。

图1.3.1 列夫捷耶夫

现在保留下来的哈尔滨医科大学附属第四医院门前的原中东铁路中央病院药房是列夫捷耶夫设计的，它是一座有着中世纪特色的二层砖木建筑[3]，1900年落成（图1.3.3）。他还与他的助手维尔斯共同主持了新市街圣尼古拉教堂的施工建造。

虽然不能证实列夫捷耶夫本人在哈尔滨留下了哪些新艺术建筑作品，但是他对这个城市的最初的规划和建设所起的作用无疑是不容忽视的。

在他离开哈尔滨之后，另一位工程师И·И·奥勃洛米耶夫斯基接任城市建筑工程师一职。

图1.3.2 列夫捷耶夫在旅顺的住宅

图1.3.3 原中东铁路中央病院药房

民用建筑工程师 И·И·奥勃洛米耶夫斯基在 1903 年被任命为哈尔滨城市建筑师，他在这个职位上工作了四年，之后被调入建筑生产部门，负责城市建设监督，同时也从事一些设计工作，直至 1921 年离职[3]。他被认为是哈尔滨新市街的真正奠基者[3]。

谢尔盖·亚历山德罗维奇·维萨恩的名字是和哈尔滨著名的新艺术建筑如马迭尔宾馆、吉林铁路交涉局等密切联系在一起的。

维萨恩把自己 20 多年的创作生涯交给了俄罗斯远东地区及中国的东北。维萨恩 1873 年 12 月 31 日出生于政府官员的家庭，1899 年他以优异的成绩毕业于圣彼得堡民用工程师学院，毕业后留校工作，并在那里留下了他的设计作品。

他在建筑领域富有成效的活动时期开始于 1911 年，那年他成为中东铁路正式职员，在交通局乌苏里斯克分局担任负责技术工作的工程师。这段时间维萨恩居住在哈尔滨，开始从事建筑业并参加各种建筑设计投标。因为乌苏里铁路是中东铁路的一个组成部分，因此维萨恩和他的同事都被划归到了哈尔滨铁路管理委员会旗下。技术科的专家们在为哈尔滨及中东铁路沿线的其他居民点做建筑设计的同时，也为俄罗斯的远东地区服务。因此，维萨恩所设计的建筑不仅仅在哈尔滨出现，在海参崴这样的经常有业务往来的地方也留下了维萨恩的设计作品。

在谈到他的设计作品的时候我们首先想到的就是马迭尔宾馆、老巴夺卷烟厂、吉林铁路交涉局、原日本驻哈尔滨总领事官邸以及私邸、海参崴的商业街建筑等。维萨恩为他所在的这个东方城市留下了几十栋大型建筑。1937 年他在经受长时间的病痛折磨后于哈尔滨去世。

维萨恩在 20 世纪初的大部分建筑作品所表达的正是当时的一种全新的建筑风格——新艺术建筑，这些建筑展现了维萨恩高超的设计水平。由维萨恩设计，于 1913 年建成的海参崴商业街上的建筑是在建筑设计投标中脱颖而出的，该建筑的风格属于较为理性主义形式的新艺术建筑，至今仍然保存完好并且影响到了整条街道的建筑风格。

与海参崴商业街建筑几乎同一时期，维萨恩设计了位于哈尔滨中国大街上的大型建筑——于 1913 年建成的哈尔滨马迭尔宾馆。马迭尔宾馆的业主约瑟夫·亚历山德罗维奇·卡斯普计划在这座当时一流的综合性建筑中包括饭店、剧院、珠宝店等一系列的设施。维萨恩设计的这栋建筑以优雅流畅的新艺术风格的曲线线条贯穿整个建筑立面，从女儿墙到檐下、从门窗到阳台，无不显示出新艺术建筑的无限魅力与优雅气质。从建成至今，这座建筑始终是这条著名大街上的标志性建筑（图 1.3.4）。

维萨恩于 1918 年设计的吉林铁路交涉局建成于 1919 年，至今仍然保存完好。这栋体积不大的建筑有着对称的平面及立面，它与拥有新艺术特点的具有非对称的平面及正立面结构的建筑有一定的差别。然而，这个建筑的檐口轮廓线、主入口上面窗及窗楣的轮廓以及其他的一些细节，与新艺术运动建筑的典型特征相吻合。

维萨恩在哈尔滨的设计作品中具有对称性特点的建筑还有位于今果戈里大街上的原日本驻哈尔滨总领事官邸。这个建筑是综合了文艺复兴及新古典主义特征的建筑的典型代表。

图 1.3.4　马迭尔宾馆

图 1.3.5 斯维里多夫

彼得·谢尔盖耶维奇·斯维里多夫的名字毫无疑问与哈尔滨的众多建筑以及哈尔滨工业大学的建筑教育密切相关，其中包括新艺术风格的马迭尔宾馆的剧场的改造设计。斯维里多夫的大部分生命是在异乡哈尔滨度过的，在哈尔滨的移民中他的名字和他的职业活动占有重要的地位，但他的名字在俄罗斯境内却很少有人知晓（图 1.3.5）。

1889 年 9 月 7 日，斯维里多夫出生在彼尔姆省克拉斯诺乌菲姆斯克市的一个世袭贵族家庭，1907 年考入了圣彼得堡民用工程师学院，在大学期间就已经在工程建设领域积累了一定的经验。一战期间曾应征入伍。1920 年在被派往符拉迪沃斯托克的途中戏剧性地到达并留在哈尔滨，从这时起即开始了他在哈尔滨的辉煌篇章。

1920—1924 年，斯维里多夫在中东铁路管理局下属的机务处供职，1921 年他完成了海关街古拉耶娃的三层石造楼房设计，修葺了柳达雅的花园、王广常和蒋长阳的三处民房石质改造，但很可惜都没有保留下来。1925—1935 年，他成为技术处和机务处的建筑师，开始从事设计和建造铁路部门的各种建筑，双城火车站即是根据他的设计方案建造的。1926 年，他还负责了哈尔滨著名的霁虹桥的施工建造工作。1924 年起斯维里多夫开始在哈尔滨华俄工业大学从事教学科研活动，在各种报纸杂志上发表系列文章和论文，甚至还有用日语发表的。1930 年初，斯维里多夫指导和监督了马迭尔宾馆剧院的改建设计的具体实施。从斯维里多夫在 1935 年填写的个人简历中可知，他此前已完成的建筑和设计已经超过了 50 个。

1946 年，斯维里多夫被任命为哈尔滨工业大学建筑系主任，给学生们授课并负责年级和毕业设计，同时也没停止设计工作。中国政府曾任命他为哈尔滨工业大学负责基本建设的总工程师，主管设计和建造新楼房。1953 年在西大直街上新建的哈尔滨工业大学的新教学大楼（即今哈工大建筑馆），就是出自斯维里多夫的设计。除了哈尔滨工业大学的建设项目外，斯维里多夫还在哈尔滨建造了其他一些大型建筑，包括建于 20 世纪 50 年代中期的工人文化宫的主体建筑。1954 年，斯维里多夫离开哈尔滨先后移居南美及澳大利亚。

建筑师 Ю·П·日丹诺夫在哈尔滨留下了大量的建筑作品，此处提及他，主要是由于他设计了原契斯恰科夫茶庄这一优美动人的折中新艺术风格建筑。

图 1.3.6 日丹诺夫

尤里·彼得洛维奇·日丹诺夫于 1877 年 11 月 21 日出生于库班州叶卡捷琳诺达尔市，1903 年毕业于以沙皇尼古拉一世名字命名的民用工程师学院，随后 Ю·П·日丹诺夫进入了外交部工作，在罗斯托夫经过短暂停留后于 1903 年被派遣到了中国参加中东铁路的修建工作（图 1.3.6）。他当时的驻外工作时间为 3 年，但是 3 年结束后，他曾经多次延长驻外的工作时间。他在哈尔滨生活了 37 年直至去世，被葬在他亲手设计建造的圣母帡幪教堂旁。

1903—1906 年是 Ю·П·日丹诺夫在哈尔滨建筑生涯的开始阶段，此时他就职于铁路机务段的技术处。开始的这几年他参与了多项民用建筑的设计工作以及哈尔滨市的输水管道工程的建设。1914 年中东铁路局协会任命 Ю·П·日丹诺夫为哈尔滨市政建设的领导，这就意味着从 1914 年到 1921 年，哈尔滨的所有建筑工作都是在他的主持领导下完成的。他被认为是既具有很高的建筑艺术天赋、又具有非常出色的行政管理才能的人。1921年起 Ю·П·日丹诺夫从铁路局离职，就任哈尔滨城市管理局建设委员会主任，在随后的5年里他又到了哈尔滨村镇管理处担任总建筑师。正是在这些年里 Ю·П·日丹诺夫的建筑设计被各种各样的承包商所订购，并有许多在哈尔滨被建成。

在他长达35年的建筑师及工程师的职业生涯中，他为哈尔滨建成了许多有意思的建筑作品。1912年按照 Ю·П·日丹诺夫的设计图纸建成了风格独特的远东著名茶叶大亨 И·Ф·契斯恰科夫的茶庄，工程由承包商格列勃夫负责具体施工，是当时哈尔滨规模最大的私人建筑，工程的总投资为可观的18万卢布。不过当时的契斯恰科夫公司每年的资金周转就有上百万卢布。

位于红军街的这座茶庄混合了不同类型的建筑风格，有着令人着迷的中世纪和哥特式的细部、文艺复兴式的穹顶以及精美的新艺术铁质栏杆和新艺术的圆角方额窗，可称作一种折中的新艺术建筑，但是新艺术的特色在这栋建筑上还是相当令人瞩目的。灵动活泼的新艺术铁质构件加上饱满高耸但轻盈通透的穹顶——所有的这一切使得这个私人建筑表现出了梦幻般的境界（图1.3.7～图1.3.9）。

Ю·П·日丹诺夫完成的建筑作品可以说风格非常多样，除前述提及的茶庄、东正教堂外，他还设计建造了位于一曼街的具有古典的巴洛克特征的原日满俱乐部、同样位于一曼街上的新古典主义的原东省特别区图书馆、位于红军街的巴洛克样式的原日本驻哈总领事馆、位于东大直街的折中主义风格的原梅耶洛维奇大楼、位于地段街的文艺复兴式的原道里日本小学等一系列的建筑。作为圣尼古拉一世民用工程师学院毕业生的 Ю·П·日丹诺夫堪称是在哈尔滨的俄罗斯建筑师的杰出代表。

图 1.3.7　原契斯恰科夫茶庄

图 1.3.8　原契斯恰科夫茶庄的阳台栏杆

图 1.3.9　原契斯恰科夫茶庄墙面局部

哈尔滨新艺术建筑的原型
The Western Archetype of Art Nouveau Architecture in Harbin

哈尔滨新艺术建筑的出现伴随着中东铁路的修筑，伴随着俄罗斯文化的移植，它的主要源地是俄罗斯，而俄罗斯的新艺术建筑也并非它自己原生的建筑，它是在 19 世纪末西欧首先兴起、进而席卷欧美的新艺术运动大潮的影响下产生的。因此，探究哈尔滨新艺术建筑的原型，要追溯到它的俄罗斯源地，进而追溯它的欧洲源头，即欧洲新艺术建筑。

2.1　欧洲新艺术的兴起

新艺术，即 Art Nouveau，是一种 1890—1910 年间欧洲最流行的艺术、建筑和实用美术方面的具有一定国际化特征的思潮和风格，尤其体现在装饰艺术领域。新艺术之名在法语里是"Art Nouveau"，在德国被称为"Jugendstil"（青年风格），在意大利被称作"Stile Liberty"（自由风格），在奥地利则是"Secession"（分离派），在西班牙加泰罗尼亚地区被称为"Modernisme"（现代的），尼德兰国家称"Nieuwe kunst"（新艺术），俄罗斯称"модерн"（新的，当代的）……此外，这一风格还有众多的形象生动的别称："Stile Floreal"（花卉的风格），"Lilienstil"（百合花风格），"Style Nouille"（面条风格），"Paling Stijl"（鳗鱼风格），"Wellenstil"（波浪风格）等。最终，"Art Nouveau"（新艺术）一词成为公认的通用称呼。

作为对 19 世纪学院艺术的回应，这种崇尚自然的形式和结构的风格所展现的不仅仅是自然界的植物、花朵和动物的简单造型，而是更加抽象化、风格化的曲线的运用。建筑师力求以此寻找建筑与自然之间的关系。它也被看作一种家具设计思潮，要按照整个建筑的风格来设计家具并且成为日常生活的一部分。在其他装饰和日用品的设计中，设计师也乐于使用这种风格的元素和线条以使日用品更加充满艺术性，使艺术走进生活。

1900 年，面对新世纪、新时代的到来，德国设计师和建筑师彼得·贝伦斯指出："我们将迎来一种新的风格，一个属于我们自己创造的风格。一个时代的风格并非是某些特定艺术的特定形式……这种风格代表了对一个时代全部的感受、对生活的全部态度，并且会在所有艺术领域得到证明。"[6]

新艺术就是这样出现在世纪之交的舞台上，在短短的几年内风靡欧美、并且涉及几乎所有创作领域的事实，印证了贝伦斯的话，对它的各种各样的称呼其实表明了一个共同的时代指向，那就是"现代"。

影响欧洲新艺术产生的因素主要包括以下几个方面：

（1）对复古思潮的厌倦和排斥

19 世纪在建筑艺术领域，虽然已经出现了新的建筑类型、新的建筑材料和技术，但是在艺术形式上却缺乏令人激动的创新，建筑师不仅没有顺应时代的新发展去创造新时代的艺术形式，相反却盲目崇拜建筑学的过去，希冀从古代文化中寻找灵感，整个建筑艺术领域甚嚣尘上地充满了柱式和山花的古典样式，学院派教育又进一步把各种古典建筑语言任意堆砌，形成所谓的折中主义，并在社会的主流建筑文化里大行其道。

富有创新意识的知识分子对复古思潮和折中主义非常不满，但是纠结于风格上的混乱，迫切等待某种全新的设计风格的诞生。英国的 George Gilbert Scott 对 19 世纪这种状况的描述十分到位，"目前，最引人注目的是建筑艺术中缺乏真正的创造力。……我们没有产生出民族的风格，目前似乎也不像有这种趋势。……我们到处可以碰到古代风格的复制品，企图使失去的传统复活；但就是找不到能和新要求结为一体的创造美的新形式的真正力量。"[7]

（2）18 世纪浪漫主义思潮的洗礼

经历了 18 世纪法国的启蒙运动以及整个文化艺术领域的浪漫主义思潮的洗礼，人们对于之前的所谓绝对的理性已经彻底放弃，崇尚自然、崇尚自由平等的观念已经深入人心，人对自然的态度也变得更加亲和，向自然学习、从自然中获取艺术的灵感成为艺术家们普遍追求的、而且也被认为是适应时代的新准则。浪漫主义追求心灵的解放、个性的自由，在艺术中注重感情、直觉的表达，发展到 19 世纪，艺术作品中已随处可见浪漫主义的表达，如拉斐尔前派和象征主义的绘画作品，以及英国的工艺美术运动等。

（3）工业革命以后人们对于工业产品的艺术水准的要求

18 世纪的工业革命带动了生产力的进步，机器化大生产迅速代替手工工场，但是也带来了一系列的负面效果。人们逐渐对机器大生产所制造的产品千篇一律、缺乏个性的特点以及批量生产导致的艺术水准降低产生不满，迫切希望改变这一现状。这种需求促使艺术家和设计师重新思考工业产品的设计问题，把如何增强工业产品的艺术性作为重要的设计原则。

（4）艺术走入生活的需要

新艺术创造了崭新的具有现代气息的新形式，其浪漫而优雅的气质深受中产阶层小资知识分子的青睐。

按照这种风格所主张的艺术应走进生活的逻辑理念，艺术就是一种生活方式。对于很多富裕的欧洲人来讲，他们有能力住在最时尚的新艺术的房子里，房间里可以布满新艺术的家具、银器、织物、化妆品、珠宝、烟盒等，这是当时很多人所向往的生活，而艺术家也热衷于将美术与实用艺术结合起来。新艺术提倡把艺术作为一种日用品，从这个意义上讲这个艺术运动的产品通过商品流通而进入日常生活才是最终的目标，是具有某种民主化的意义的。

然而它所主张的民主还有相当的局限性。这种风格化的新艺术建筑以及其他产品的生产当然也是非常昂贵的，仅定制铁件的造价即可略见一斑。作为整个新艺术运动，它"首先是资产阶级的，不然还能是谁的；它的建筑是为了中产阶级居住；它的歌剧和娱乐是为资产阶级消遣；它的人工制品是为资产阶级购买"。它"特别是属于城市资本主义的"。[8]

（5）工艺美术运动的基础

发生于 19 世纪中期的英国工艺美术运动（Arts and Crafts Movement）是最先对复古思潮和折中主义做出回应的，这场运动以威廉·莫里斯（William Morris）和约翰·拉斯金（John Ruskin）为代表，他们反对机器化大生产带来的平庸的产品和设计，反对折中主义毫无创造性地搬弄古典语言，他们首先倡导了以大自然为自己的灵感源泉的设计原则，尽管他们在对待工业化的态度上可以说是消极的、向后看的，但是以自然为设计参照的原则可以说为其后的设计者提供了一个极具建设性的范例。

正如比利时新艺术的先驱凡·德·维尔德所说，"毫无疑问，J·拉斯金和 W·莫里斯的工作和影响是丰富我们精神的种子，促动了我们的活动，导致了装饰品和装饰艺术形式的完全更新。"[7]

工艺美术运动对于其后的新艺术运动的影响不仅仅是提供了设计灵感的源泉，它的一些艺术手法也被新艺术所参照。

（6）同时期其他多种艺术思潮的影响

19 世纪的艺术领域里同样波澜起伏，各种艺术探索层出不穷，作为一种艺术风格，新艺术与拉斐尔前派艺术（Pre-Raphaelite Brotherhood）和象征主义艺术（Symbolism）有着密切的联系，从一些艺术家如来自英国的比尔兹利（Aubrey Beardsley）的短暂但是极富特色的插画作品、来自捷克的穆夏（Alphonse Mucha）的招贴画以及奥地利的克里姆特（Gustav Klimt）和托洛普（Jan Toorop）的作品中都可以看出来。在 1890 年前后达到顶峰的象征主义艺术对很多艺术家都产生了影响，在比利时、法国等地都很有市场，对成立于 1884 年的比利时先锋艺术家团体"二十人组"的作品有决定性影响。

同一时期，来自日本的平面感和色彩强烈的木刻印刷品如葛饰北斋（Katsushika Hokusai）的浮世绘作品对新艺术的形成产生强烈影响，尤其是日本艺术品的自然的有机形式，19 世纪 80 和 90 年代在欧洲十分流行，影响到艺术家 Emile Gallé 和比尔兹利的作品，一些商人如法国的宾（Samuel Siegfried Bing）和英国的利波蒂（Arthur Lasenby Liberty）也出于对日本艺术和设计的喜爱而在他们在巴黎和伦敦的商店里出售日本艺术品。

但是，与象征主义绘画不同，也与艺术化倾向明显的工艺美术运动风格不同，新艺术有它自己独特的外观，新艺术的艺术家坚定地采用新的材料，表现机器生产的特点，并以具有现代特征的纯粹抽象的设计为特色。

（7）新材料新技术带来的创新可能

工业革命以后钢铁和玻璃等新材料开始逐渐被人们所认知，尤其随着资本主义推销工业产品的世界博览会的举办，促进了这些新材料以及新技术的进一步推广。与时俱进的、具有积极创新精神的设计师和艺术家当然不会放过这些能够昭示新时代特色的新材料和新技术，他们把这种适应新的工业社会的要素融入自己的创作之中，钢铁的灵活加工性能、玻璃的透明轻盈的特质，都为艺术家创造符合工业时代的崭新艺术形式提供了新的可能。

新艺术绝不会像工艺美术运动那样否定机器，相反它顺应工业时代的新发展，比如新艺术的雕塑所选取的最重要的材料就是玻璃和铁质，这点在建筑上也是一样，此外还有陶瓷。新艺术建筑采用了很多 19 世纪晚期的创新技术，尤其是采用了暴露的铁件和大片的不规则形状的玻璃片。只不过，新艺术的设计师对新时代的工业技术进行了浪漫主义的处理，赋予工业产品以独特的美感。

在新艺术的产生过程中，批量生产的平面设计作品扮演了至关重要的角色，这里主要得益于新的彩色印刷技术，比之于传统的手工印刷术，它对一种风格的快速传播的意义是显而易见的。

2.2 欧洲新艺术建筑的传播

2.2.1 新艺术快速传播的影响因素

在新艺术风格产生之初，无论是新艺术、"青年风格"还是其他，都不是这种风格的统一名称，但是在一些场合这些名字被人们所了解，并且在传播的过程中这种风格又有了其他不同的称呼。"Art Nouveau"一词比较公认的来源，是源于一个德裔的艺术品商人宾 1895 年开办的位于巴黎的画廊 L'Art Nouveau（新艺术），他还在 1900 年的巴黎世界博览会上展示了一个以现代家具、挂毯以及艺术品组合的装置，大大提高了他的声望，也大大推动了这种风格，以至于最终整个风格都采用了这家画廊的名字。除了这种艺术品营销的商业机构以外，还有其他很多要素共同促进了这种风格的快速传播。

（1）新的大众传媒的出现

19 世纪的大众媒体，一部分是由专业团体和人士创办的专业艺术期刊，比如在英国有 1893 年创办的 *The*

Studio，有比尔兹利 1894 年参与创办的 *The Yellow Book*、1896 年参与创办的 *The Savoy* 等；在德国有 1895 年的 *Pan*、1896 年的 *Jugend*；在比利时有 1881 年的 *L'Art Moderne*；在法国有 *Arts et Decoration*、1897 年的 *L'Art Decoratif*；在奥地利则有 1898 年的分离派的喉舌 *Ver Sacrum*；在意大利有 1892 年的 *Arte Italiana decorativa e industriale* 和 1895 年的 *Emporium*。这些专业的期刊往往及时地传递各个艺术家或艺术家集团的主张及作品信息（图 2.2.1 ~ 图 2.2.3）。

　　一部分商业性的报纸、杂志、广告招贴画等平面媒体，也扮演着至关重要的角色，这些应该属于商品社会中的一种商品，向大众及社会传递各种商业信息，它们本身既是商品，同时也肩负着传播时尚的责任。这也是新艺术产品的商业属性的表现，像穆夏的海报招贴画、报纸杂志或书籍中的插画等。

　　（2）世界博览会的举办

　　从 1851 年伦敦首次举办世界博览会开始，这种以展示资本主义最新科技和工业成果为目的、由不同国家和城市轮流举办的世界博览会就成为 19 世纪下半叶至 20 世纪初联系各个资本主义国家的经济发展、同时也极大地促进资本主义国家文化交流的最重要途径。

　　1888 年 5 月 20 日西班牙的第一次世界博览会在巴塞罗那开幕，先后约两百万人参观，中国、日本和美国等 27 个国家参展。Lluís Domènechi Montaner 设计的一些建筑标志西班牙 Modernisme（即后来的新艺术）的开端。

　　1897 年 5 月开幕的布鲁塞尔世界博览会，为比利时的新艺术大师们提供了一个展示的舞台，建筑师奥塔、凡·德·维尔德等都贡献了他们的设计作品，博览会的海报也被设计成新艺术风格。

　　1900 年 4 月 15 日开始的巴黎世界博览会，是为了庆祝刚刚过去的一个世纪、迎接新世纪。博览会上展出了很多机器、发明和已广为人知的建筑，包括巴黎摩天轮、俄罗斯套娃、柴油引擎、有声电影、自动扶梯、录音电话等。建筑最流行的风格就是新艺术风格。

　　1902 年 5 月 10 日，首届国际现代装饰艺术展（International Exhibition of Modern Decorative Art）在意

  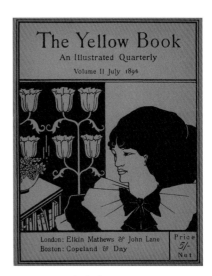

图 2.2.1　*Pan* 杂志封面，1895 年 4、5 月　　　图 2.2.2　*Jugend* 1896 年的一期封面　　　图 2.2.3　比尔兹利为 *The Yellow Book* 所作的封面，1894

大利北部城市都灵举办，对于正在流行的新艺术风格在意大利的传播起到至关重要的作用。

（3）艺术家的流动性的增多

英国不仅为欧洲大陆贡献了新的艺术形式的灵感，而且通过与欧洲大陆之间的密切交流使这一灵感得以在欧洲大陆遍地开花。英国的新艺术建筑师麦金托什受维也纳分离派的邀请，在维也纳设计了苏格兰展览馆（1900）。英国和比利时的艺术家之间的流动也有据可查，比利时的先锋人物与法国之间的相互影响也显而易见，而且两国之间的艺术家联系也很紧密。比利时的维克多·奥塔1878—1880年间在法国工作，受到了新兴的印象主义和点彩画派的启发，同时也研究了以钢铁和玻璃为材料的可能。法国的新艺术代表人物吉玛德1894年参观了布鲁塞尔的维克多·奥塔的塔塞尔住宅以后，深受影响。比利时的凡·德·维尔德在巴黎和德国的德累斯顿、哈根、魏玛都留下了作品。1895年他为自己在布鲁塞尔的Uccle设计了住宅和室内，法国新艺术的推动人宾和Meier-Graefe（德国艺术批评家）前去参观，参观的结果就是宾委托凡·德·维尔德为他在巴黎的新艺术商店设计4个房间布景以供展出[9]。可以看出，那时这种相互间的联络是如何促进新艺术的传播以及如何使人们获得了相近的欣赏趣味的。

新的以铁路为代表的现代化交通工具使艺术家之间的流动变得更为顺畅，而艺术家之间交流的增多也进一步促使了这种风格日益具有国际化的特征。

（4）新艺术自身对于形式的侧重

新艺术本身侧重的是装饰艺术，装饰、图案，这些与建筑本身的结构、形式、功能之类基本不发生直接的联系，也没有有关建造难易的困扰，因此在传播的过程中基本没有客观的阻碍。

虽然它最终被20世纪的现代主义所取代，但是今天人们普遍倾向于把它看作19世纪折中的复古思潮和20世纪现代主义之间的一个过渡环节。

2.2.2　新艺术在欧美各国的主要表现

新艺术往往被看作一种全方位的艺术风格（"Total" Art Style），包括了建筑、图形艺术、室内设计、装饰艺术，如珠宝、家具、纺织品、家用器皿、照明灯等。在短短二十几年的时间里，新艺术不仅在空间上实现了几乎遍及欧美的广泛传播，而且覆盖了几乎所有的设计领域，包括建筑、室内设计、家具、广告与招贴画设计、插画、书籍装帧、服装、珠宝……既具有普遍性的特征，同时还具有地域和民族的特殊性（图2.2.4～图2.2.7）。

几乎同一时间，在欧洲不同的国家，出现了一批具有近似特色的艺术创作，如1893年比尔兹利创作的《莎乐美》（*Salome*）中的黑白线条的插画、奥塔设计的塔塞尔住宅、1895年穆夏在巴黎作的招贴画……仿佛一瞬间，每一个地方、每一位艺术家都觉醒了。从布鲁塞尔、巴黎、格拉斯哥、维也纳、慕尼黑、都灵、巴塞罗那、芝加哥，到东欧及北欧的国家，这种新风格传播范围之广、传播速度之快都是前所未有的。

新艺术作为一种时代风格，被描述成"由艺术家及其专业化的赞助

图2.2.4　阿尔方斯·穆夏，自然，1899—1900

图 2.2.5 凡·德·维尔德设计的桌椅，1896

图 2.2.6 彼得·贝伦斯设计的台灯，1902

图 2.2.7 阿尔方斯·穆夏，*Gismonda* 招贴画，1894

人构成的一场运动，他们共同分享相近的民族主义理想"[10]。在人们普遍关心创造新时代与革新传统之时，新艺术适时地产生了，并且迅速把建筑师和设计师们带出了 19 世纪艺术形式和风格的死胡同。它在各国各地区不同的文化环境和文化背景中产生，而且产生于相当集中的时间段，虽然形式各异但是却表现出巨大的相似性甚至一致性，犹如一夜春风吹开了千树万树的梨花，令人惊叹。

（1）比利时

比利时对于新艺术的贡献来自于比利时的艺术家团体和沙龙，以及为 19 世纪中后期流行于欧洲的艺术期刊撰写文章的作家、艺术家和设计师。有两个主要的名字占据了那个时期的新建筑和装饰艺术，即比利时新艺术的先驱维克多·奥塔（Victor Horta）和亨利·凡·德·维尔德（Henry van de Velde），在 1880 年代他们都正值青年。除个人的这些成就以外，1884 年还成立了艺术家团体"二十人组"（Les Vingt 或 Les XX），旨在寻求艺术表达的自由，以作为对拘泥的官方沙龙的回应。他们的艺术作品在 *L'Art Moderne*（由作家、艺术批评家和律师 Octave Maus 于 1881 年创办）这样的艺术杂志上得到了推广。这些先锋的艺术期刊上所传达的比利时建筑、装饰艺术、绘画以及平面设计的丰富的创造力为这个国家的艺术家引来了大批的泛欧洲的观众。这一计划不仅是为了创造设计的新形式，而且推动了革新设计师探索经济效益的风险。例如，Tiffany 设计室 1908 年设计的蓝色台灯，用铅条玻璃和铜制成，只生产了 2 000 个，这使其成为全球收藏家的目标。如果这对美国进口商有用，那么同样对比利时出口商也有利。

1893 年，维克多·奥塔为科学家埃米尔·塔塞尔（Emile Tassel）教授设计了位于布鲁塞尔都灵路 12 号（现 Paul Emil Janson 路 6 号）的住宅，1897 年建成，其非凡的设计确立了比利时对新艺术的创新性贡献。该建筑被认为是第一座真正的新艺术建筑，不仅由于它创新的平面设计，还因为它极富想象力的铁质构件的装饰形式，这些铁质构件的应用受到法国的维奥叶·勒·杜克（Eugène Viollet-le-Duc）的影响。建筑的室内具有透明的、开放的、非对称的流动感，由铁质构件构成的曲线仿佛自然界中恣意生长的植物藤蔓在内部空间里伸展。奥塔的这个建筑作品不仅是对于传统争论的回应，更是对于创造一种新建筑的尝试，完全摆脱了历史风格的影响，以极大的自信控制了建筑的每个细部，并展现了一种全新的建筑语汇和句法（图 2.2.8）。

凡·德·维尔德 1880 年在他的家乡安特卫普学习绘画，1884 年他到了巴黎，这个艺术世界的心脏。5 年后的 1889 年，他在比利时艺术杂志 L'Art Moderne 找到了工作，并加入了"二十人组"。1892 年，他决定放弃绘画以便集中精力于装饰和实用艺术的设计。用他自己的话说，要"沿着拉斯金和莫里斯的路，去实现他们的预言：寻回世间的美，创造一个拥有社会公平和人类尊严的时代"[6]。他计划为他自己设计的住宅设计室内家具，把历史元素与现代生活结合起来。人们可以从他的作品中看出新的艺术形式——新艺术，是如何发展出来的。凡·德·维尔德将抽象形式与非对称的设计结合起来，尤其是有机的植物形式，混合着新旧不同的材料，创造出一种独特的建筑和装饰设计形式。1895 年他为巴黎的宾的艺术品商店 L'Art Nouveau 做了 4 个展示房间的室内设计和家具设计，进一步确立了新艺术这一特定名称。在德国，他的装饰艺术受到了在布鲁塞尔和巴黎没有得到的重视，尤其是家具设计，使他 1898 年在柏林成立了自己的公司——Van de Velde GmbH。他的多样性创造涵盖了许多与艺术相关的领域，包括印刷与书籍装帧、招贴画等。1898 年，他为一个食品生产商作了平面设计招贴画 Tropon，盘曲的曲线线条、宜人的色彩，在吉玛德设计的巴黎贝朗格宫中有着与之近似的地方（图 2.2.9、图 2.2.10）。

（2）法国

19 世纪 50 年代开始，对于日本艺术的兴趣迅速风靡巴黎的艺术家、艺术工作室和艺术学校。19 世纪 70 年代

图 2.2.8　维克多·奥塔设计的塔塞尔住宅门厅

起日本线条艺术的影响也出现在一些倾向于平面感和二维表现的印象派绘画中。平面艺术家的作品受到日本印刷品的影响，然后又被流行招贴画艺术家所复制，如亨利·德·图卢斯·劳特累克（Henri de Toulouse-Lautrec），他的作品表现了夜生活的享乐气氛。一些印象派的画家如莫奈的作品也反映出那个新旧交替时期巴黎的生活，当时生活在巴黎的美国艺术家也受到影响。

平面艺术家青睐于平面感的线条图形，他们经常用两种或四种颜色来提升其设计的现代感。招贴画艺术是巴黎最流行的广告形式，街道的墙面上贴满了彩色的直达屋顶高度的各种广告，如音乐会、芭蕾、歌剧和咖啡音乐会等。

19 世纪 80 年代生活工作在巴黎的捷克艺术家阿尔方斯·穆夏（Alphonse Mucha）为巴黎知名女演员 Sarah Bernhardt 作了剧目 Gismonda（《吉斯蒙达》）的招贴画，1895 年 1 月 1 日出现在巴黎街头。他的招贴画使得公众更加崇拜 Bernhardt，也接受了穆夏平面艺术的新艺术风格，虽然穆夏从不认为自己是新艺术风格的艺术家，但是他的作品对于曲线的运用以及色彩丰富的平面感效果，创造出一种全新的招贴画模式。窄长的外形，为了强调出人物的苗条和年轻的气质，用所谓的 "macaroni"（面条）风格来展现人物的卷曲的长发，用阿拉伯风格的线条来打破平面感的局限并展现柔美的女性魅力。穆夏的女性形象的招贴画得到广告商的青睐，大量用于香槟或巧克力饮料、香水或火车旅行广告。有着 "面条" 风格的或短发或长发的年轻漂亮的女性形象成为穆夏的标签（图 2.2.11）。

两个方面的因素决定了新艺术在法国的迅速发展。一个是平面艺术家的装饰作品，另一个是新艺术的装饰形式在家具和玻璃制品上的应用。法国发展出两个装饰艺术的中心，一个是位于南锡的木质和玻璃制品的艺术家 Emile Gallé 的工作室，他的家具和玻璃制品充满了新艺术的想象力；另一个是位于巴黎的宾的艺术品商店（或者说画廊），艺术家和设计师委托这位德裔的商人在他的装饰艺术品店里销售作品。在英国的 Liberty & Co. 百货店在巴黎成功开店 6 年后的 1896 年，一间更小的店铺 "L'Art Nouveau" 在巴黎开设，出售家具、家居用品和室内装饰艺术品，店主就是宾。宾曾经去过日本，对日本的平面艺术非常着迷，所以从日本进口了大量的陶器和装饰艺术品，陶器上面的纸质包装上的优美的线条也给了他和他的艺术家们以灵感（图 2.2.12）。

在建筑上，首推海克特·吉玛德（Hector Guimard）的曲线新艺术作品，这种做法在南锡也被 Emile Gallé 所实践。

吉玛德深受维奥叶·勒·杜克的理性主义理念的影响，奠定了他的特别的新艺术形式的基础。他曾在巴黎美术

图 2.2.9 凡·德·维尔德设计的门把手，魏玛，1903

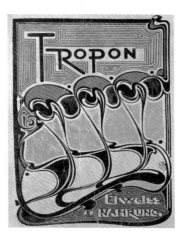

图 2.2.10 凡·德·维尔德，Tropon 招贴画，1898

图 2.2.11 阿尔方斯·穆夏，Gismonda 招贴画局部，1894

学院学习和任教，在 1893 年参观了比利时的奥塔的塔塞尔住宅以后，深受启发。他的第一个独立的设计委托是 1894 年的巴黎贝朗格宫（Castel Béranger），该作品以富于表现力的曲线展示了建筑与新的工业艺术的结合（图 2.2.13）。为了使建筑整体和谐和连续，他还开始亲自进行室内设计和家具设计。巴黎地铁站出入口的设计是进一步展示维奥叶·勒·杜克的影响以及铁质艺术的成就的作品，他对植物和有机形式的表达是抽象的，这种艺术化的铁，也被称为吉玛德风格（图 2.2.14）。

（3）英国

以威廉·莫里斯为首发起的工艺美术运动在英国乃至欧洲都对新艺术产生了深远的影响。

麦克默多（Arthur Heygate Mackmurdo）是一位建筑师、艺术家和设计师，也是一位英国新艺术的先锋。1883 年他作的《伦恩的城市教堂》的封面用一系列盘曲的曲线来象征飘动的火苗，不对称的火焰飘向斜上方，以此来代表 1666 年伦敦的大火使得伦恩爵士开始重建许多教堂的事件（图 2.2.15）。许多艺术史家把他这件作品看作真正第一件新艺术作品。他的家具和墙纸的设计也采用了同样的形式，如 1883 年设计的一把椅子（图 2.2.16）。

1894—1897 年，奥博瑞·比尔兹利（Aubrey Beardsley）为一本新的艺术杂志《黄书》（*The Yellow Book*）创作了一系列插画，风格明显受到日本平面设计的影响（图 2.2.17）。

在苏格兰，有机的植物形式和日本设计的几何纯净性深受建筑师查尔斯·雷尼·麦金托什（Charles Rennie Mackintosh）的青睐。1898—1899 年间，他设计了代表作——格拉斯哥艺术学院。比尔兹利的装饰线条对他也有直接影响。他的建筑风格是独特的，是从苏格兰的历史中借鉴的，但既非历史的也不是真正现代的。麦金托什用强有力的几何形式创造出全新的建筑风格。至于装饰设计，他与夫人玛格丽特和她的姐姐弗朗西斯以及弗朗西斯的丈夫一起组成了"格拉斯哥四人"（Glasgow Four），统一设计并用木材和金属来制作装饰性家具。麦金托什的水

图 2.2.12　L' Art Nouveau
的招贴画，1896

图 2.2.13　吉玛德，贝朗格宫前厅

b 地铁出入口之二

c 玻璃与金属的组合

a 地铁出入口之一

d 铁质栏杆细部

图 2.2.14　吉玛德，巴黎地铁出入口

图 2.2.15　麦克默多为《伦恩的城市教堂》一书所作的封面，1883

图 2.2.16　麦克默多设计的椅子，1883

图 2.2.17　比尔兹利的插画《莎乐美的化妆室》，1893

图 2.2.18　麦金托什设计的
　　　　　高背椅，1900

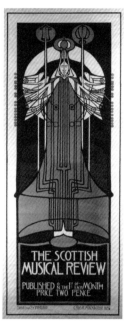

图 2.2.19　麦金托什为苏
　　　　　格兰音乐回顾
　　　　　展所作的招贴
　　　　　画，1896

彩画还经常被用来装饰家具（图 2.2.18 ~ 图 2.2.21）。

　　1900 年麦金托什参加了维也纳分离派的展览会并设计了苏格兰馆，1902 年参加了都灵的装饰艺术博览会并展出他设计的家具，这使他迅速名扬欧洲大陆。

　　保守和尊崇民族传统的精神是英国文化稳固的特征之一，麦金托什与他所代表的苏格兰的新艺术并不像欧洲大陆那样彻底地反传统反历史风格，相反他们却时时从过去尤其是中世纪的历史中寻找灵感，如同莫里斯一样。麦金托什作品中高挑冷峻的垂直线条，是否很容易使人想起英国中世纪的垂直式哥特建筑？如果从新艺术的民族性探索的角度来看的话，是否也可以认为是对英国传统的现代演绎？

　　（4）奥地利

　　19 世纪 90 年代后期，麦金托什通过一系列出版物和展览在欧洲大陆树立了他的声望，其作品也在维也纳激发了建筑师的热情。把麦金托什介绍到欧洲大陆的关键人物就是奥托·瓦格纳与分离派。

　　1897 年 4 月 3 日，一些志同道合的进步的艺术家、设计师、作家和建筑师一起成立了维也纳分离派（Wiener Secession），致力于合作生产全面的艺术作品。其中的著名成员有作家赫尔曼·巴赫（Hermann Bahr），艺术家古斯塔夫·克利姆特（Gustav

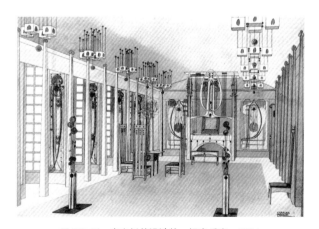

图 2.2.20　麦金托什设计的一间音乐室，1901

a 西立面，1897—1899

b 北立面，1907—1909

图 2.2.21　麦金托什，格拉斯哥艺术学院

Klimt），以及建筑师奥托·瓦格纳（Otto Wagner）和他的学生约瑟夫·奥尔布里奇（Josef Maria Olbrich）及约瑟夫·霍夫曼（Josef Hoffmann）等。

　　奥托·瓦格纳是 1900 年左右维也纳新艺术的先锋之一，维也纳美术学院的教授，他创作出简单的基本的形式，辅以生动但是绝不过度的装饰。他和分离派都主张否定过去的风格，一如他在维也纳邮政储蓄银行和 Majolica 住宅中所表现的那样（图 2.2.22、图 2.2.23）。

　　约瑟夫·奥尔布里奇设计了维也纳分离派总部大楼，以简洁的立方体体块的组合为主，中央透空的穹顶布满金色的植物叶片装饰，入口处及上部也饰有优雅的叶片和线条装饰，上面的座右铭写着"为所有时代的艺术，为艺术的自由"（to every age its art and to art its freedom）（图 2.2.24、图 2.2.25）。

　　约瑟夫·霍夫曼由于经常使用方块或立方体，也被戏称为"方块霍夫曼"（Quadratl-Hoffmann），特别受到莫里斯和麦金托什的影响，如在达姆施塔特建造的婚礼塔，平滑的垂直线条恐怕要归功于麦金托什。他试图把建筑和手工艺的技术结合起来（图 2.2.26、图 2.2.27）。

　　分离派追求简洁的线条和单纯的体量，而不是复杂的曲线，在建筑中还常把圆形或方形的几何图形按照一定的节奏组合起来用作装饰，在与后来的现代主义的接轨方面更进了一步。

　　（5）德国

　　在德国，新艺术被称为"青年风格"（Jugendstil），主要流行于柏林、达姆施塔特、慕尼黑和德累斯顿，主要由一本艺术周刊 Jugend（译为《青年》）所推动。这本艺术周刊创刊于 1896 年，直到 1940 年，其宗旨是引导最新的思想而不偏向于任何特别的倾向和运动。它向大众推介不同艺术家的不同方法和形式，既有硬朗的直线也有柔美的曲线，既有古典的也有浪漫的。最初印数为 30 000 册，巅峰时达到 200 000 册。在绘画、装饰设计方面对新艺术强烈的兴趣和偏好使新艺术在这本周刊中占据了排他的地位。1897 年 4 月的一期封面给出了这一风格的方向，是一幅题为《长椅上的恋人》的画，设计者是 Otto Eckmann。两个穿着时尚的恋人见面，相互亲吻并交谈。这个封面代表了这本周刊的名称，即面向未来的青年风格（图 2.2.28）。同一时期的另一本仅限订阅的杂志 Pan 从 1895 年起拥有了大约 500 个订户。负责编辑内容的是德国艺术批评家 Meier-Graefe。其他城市的其他杂志也

图 2.2.22　奥托·瓦格纳，维也纳邮政储蓄银行大厅，1904—1912

图 2.2.23　奥托·瓦格纳，Majolica 住宅立面，1898—1899

图 2.2.25　奥尔布里奇，分离派总部屋顶，1897

图 2.2.26　约瑟夫·霍夫曼，Purkersdorf 疗养院通往居住部分的入口，1904—1906

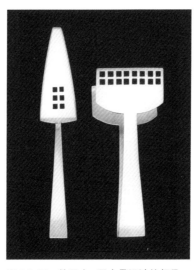

图 2.2.27　约瑟夫·霍夫曼设计的餐具，1905

图 2.2.28　*Jugend* 周刊封面《长椅上的恋人》，1897

图 2.2.24　奥尔布里奇，分离派首次展览的海报，1898

将新艺术的设计风格介绍给艺术团体和公众。

　　德国新艺术最重要的代表人物之一就是建筑师和艺术家彼得·贝伦斯（Peter Behrens）。他对实用艺术和装饰艺术技艺的教育和推动起到很大作用。贝伦斯的设计特点是简洁和功能主义的，无论是建筑、灯具、家用器皿。他最有名的一件新艺术的作品是色彩丰富的木版画 The Kiss，刊登于 1898 年第 4 辑第 2 期 的 Pan 上（图 2.2.29），他的设计作品还包括家具、珠宝、玻璃和瓷器。他也是 1893 年成立的慕尼黑分离派以及慕尼黑独立艺术家协会的创始人之一，与 Eckmann 一样。他为 1902 年都灵的首届国际现代装饰艺术展所作的"汉堡馆"是一件新艺术的典型作品（图 2.2.30）。

　　（6）意大利

　　意大利的艺术家对新艺术似乎没做过什么先锋的贡献。但是，1895 年罗马的一位艺术家 Giovanni Maria Mataloni 设计的一幅招贴画展现了意大利人所理解的新艺术（图 2.2.31）。

图 2.2.29　彼得·贝伦斯的彩色木版画
The kiss，载于 *Pan* 杂志
1898 年第 4 辑第 2 期

图 2.2.30　彼得·贝伦斯，都灵艺术展的汉堡馆，1902

图 2.2.31 1895 年的意大利煤气灯广告

1902 年 5 月 10 日，首届国际现代装饰艺术展（International Exhibition of Modern Decorative Art）在意大利北部城市都灵举办，是正在流行的新艺术风格在欧洲的一次集体大汇展，也是新艺术在意大利得到传播的至关重要的媒介。展会的目的明确地指向"现代"："我们只接受那些对审美形式的更新有决定意义的原创作品，仅仅仿照过去的形式或者缺乏美感的工业产品不在此列。"[11] 主要的意大利建筑师是德·阿龙科（Raimondo Tommaso D' Aronco），他设计的展馆是仿照奥尔布里奇作品的维也纳分离派的样式，这一作品也使他获得了国际声誉（图 2.2.32 ~ 图 2.2.34）。此外大量的室内设计的作品也参加展出，包括英国的"格拉斯哥学派"的著名作品"女士的书房"。

意大利在 19、20 世纪之交前后的"自由风格"（Stile Liberty）一词来源于英国的一家百货商店 Liberty & Co. 以出售来自日本和其他东方艺术品而出名，它的顾客甚至来自海外，包括著名的拉斐尔前派的艺术家。1890 年代店主 Arthur Lasenby Liberty 与很多的新艺术设计师都建立了密切的联系，因此也与这种风格本身有了关联，这家店铺在巴黎也开设了分店，直至影响到意大利。这个词汇的来源指明了新艺术的商业属性以及在意大利的"舶来品"的特征。

图 2.2.32　德·阿龙科设计的展会入口建筑，1902　　　图 2.2.33　主展馆的立面图局部　　　图 2.2.34　比利时展馆

如果考虑到意大利（尤其是意大利北部如都灵这样深受法国文化影响的城市）在 19 世纪与法国和奥地利以及德国的密切联系，就不难理解意大利新艺术、或者说"自由风格"的一些特色，它主要体现了法国的曲线新艺术和维也纳分离派的几何新艺术的融合。都灵在这次艺术展之后涌现出一大批新艺术的作品，大多是为中产阶级设计的住宅，在官方建筑史上几乎从未被提及的一位建筑师皮埃特罗·菲诺尼奥（Pietro Fenoglio）是这些作品的设计者，至今他的作品在都灵有很多被保留下来。他的自宅建于 1902 年，是非常典型的法国新艺术建筑风格，从中可以分辨出法国吉玛德式盘曲的曲线形式的铁质构件、玻璃雨篷以及意大利巴洛克式的曲面装饰的奇特组合，不难看出新艺术在不同文化中传播所受到的影响（图 2.2.35 ～图 2.2.38）。此外，维也纳分离派的一些形式语言在都灵的新艺术建筑中也可以找到一些踪迹。

（7）西班牙

相对于简单的模仿自然界的动植物，西班牙建筑师安东尼·高迪（Antoni Gaudi）的探索范围更广，形式也更为多样，自然界中的一切都能够成为其设计灵感的来源，包括海水、岩石、古生物。加泰罗尼亚地区深厚的摩尔文化传统也对高迪的作品有着至深的影响，这种与地方传统相结合的新艺术在高迪的作品中体现得尤为明显，色彩斑斓的陶瓷和玻璃马赛克最有代表性。高迪对于建筑整体形态的把握也是非同寻常的，建筑从平面到立面到室内每个细部都表现出无所不在的动感和对固有想象的突破，完全不是传统建筑的表达方式和逻辑。所以，在加泰罗尼亚，这种建筑被称为现代风格（Modernisme），但是属于本地域的，而不是国际的风格。当然，高迪是一位少有的充满无拘无束的想象力的天才，这使得他的作品更多地体现出他的个人特色（图 2.2.39 ～图 2.2.42）。

图 2.2.35　皮埃特罗·菲诺尼奥
位于都灵的自宅

图 2.2.36　皮埃特罗·菲诺尼奥自宅的凸窗

图 2.2.37　皮埃特罗·菲诺尼奥自宅的细部

图 2.2.38　皮埃特罗·菲诺尼奥自宅的门厅

图 2.2.39　高迪，巴特罗公寓立面

图 2.2.40　高迪，巴特罗公寓的窗

图 2.2.41　高迪，米拉公寓立面

（8）北欧与东欧

新艺术在北欧国家的传播是伴随着民族浪漫主义风格，如芬兰建筑师老沙里宁设计的赫尔辛基火车站（图2.2.43）。波兰的克拉科夫、捷克的布拉格的新艺术也受民族浪漫主义的影响。此外，挪威的一个滨海小镇Ålesund在1904年火灾后重建，建筑都做成了统一的德国青年风格。

北欧拉脱维亚的首府里加在19世纪晚期到20世纪早期大约有40%的建筑被建成了新艺术风格，而且产生了折中新艺术、装饰新艺术、浪漫新艺术以及垂直新艺术等不同的倾向。斯洛文尼亚、克罗地亚等地的新艺术都较多地表现出维也纳分离派的影响。

在俄罗斯新艺术也被称为"Модерн"（现代的），也许与巴黎的一间画廊"La Maison Moderne"（现代之家）有某些联系，其在俄罗斯的流行与《艺术世界》（*Mir iskusstva*）这本杂志有着密切的关系。圣彼得堡和莫斯科成为俄罗斯新艺术风格的两个中心。

（9）美国

大洋彼岸的美国的新艺术主要体现在建筑以及实用艺术领域。在建筑领域的表现跟欧洲的新艺术又有很多不同，主要表现在"芝加哥学派"的建筑师沙利文（Louis Sullivan）的作品中。这是一个很奇特的现象，沙利文在1890年代是探索现代高层建筑的先驱者，首创了钢框架结构的高层办公建筑，但是他的高层建筑中却经常饰以大量的装饰，如在纽约的布法罗保证大厦、芝加哥C.P.S百货公司以及密苏里州圣路易斯市的温赖特大厦，立面装饰是非常细密的植物纹样，与欧洲新艺术比较抽象和风格化的植物纹样有很大区别，倒是更接近工艺美术运动的特点。（图2.2.44、图2.2.45）沙利文对待装饰的态度直接影响到了另一位建筑师弗兰克·劳埃德·赖特（Frank Lloyd Wright），不过后者的手法更具个人特色而难以以新艺术而论。

在实用艺术领域美国新艺术首推蒂法尼（Louis Comfort Tiffany）和他的工作室（Tiffany Studios）。他主要设计制作玻璃制品，尤其是铅条玻璃、染色玻璃制品（图2.2.46）。其图案可以看到莫里斯和工艺美术运动的影子。

1905年之后，新艺术开始出现不同程度的衰退迹象。一些设计师对新艺术的繁复的曲线渐生厌倦，力图寻找一种更为简洁、更具现代感的新形式，同时，致力于探索影响建筑形式的更为关键的功能、结构等基本问题。以德国及北欧一些国家为代表首先开始摒弃新艺术的浪漫思想而逐渐走向理性的设计道路。美国的沙利文则致力于现代高层建筑结构和形式的探索。而原来的新艺术的先锋人物，如奥塔、贝伦斯等，则返回到古典主义的巢窠之中。

图2.2.42 高迪，米拉公寓屋顶的烟囱

图2.2.43 伊里尔·沙里宁设计的赫尔辛基火车站，1904

图 2.2.44　沙利文，布法罗保证大厦，细部，纽约，1896　　图 2.2.45　沙利文，C.P.S 百货公司底层的装饰　　图 2.2.46　蒂法尼工作室生产的彩色玻璃台灯，1908

2.3　欧洲新艺术建筑典型特征

欧洲的新艺术建筑是在几乎相同的时间段内出现在不同国家的对新建筑形式的探索，在各国表现不一，但是由此而产生的多样性恰恰也是新艺术建筑的主要特征。

虽然在各国的表现各不相同，但是作为一个时期集中出现的有影响的探新活动，欧洲新艺术建筑在很多方面还是具有共同的特征的，比如平面和立面设计中的非对称性原则。此外，在装饰母题、表现手段以及材料运用上，新艺术建筑也都具有自身的独到之处。

2.3.1　新艺术建筑的装饰母题

在装饰母题上，常见的新艺术建筑的母题包括自然的、抽象的以及象征的母题。

自然的母题在新艺术诞生之初非常流行和典型，源于自然界动植物的图案受到特别青睐，英国工艺美术运动对其影响也十分明显，构图大部分均衡稳定。具象的植物或动物图形在新艺术的日用产品中应用非常广泛，作为装饰图案也有在建筑中直接应用的，例如比利时的许多新艺术建筑外表面都有自然的花朵或植物枝叶的图案装饰，美国的沙利文在建筑上的装饰大部分都是自然的植物纹样，分离派的奥尔布里奇所作的维也纳分离派总部大楼也采用了自然的花卉和叶片图案作为装饰。当然，自然母题在表现手法上追求的是二维平面的效果，因此对动植物纹样会有一定程度的提炼和概括，形成比较典型化的图案。

抽象母题是伴随着新艺术的深入传播而逐渐成为主要的装饰母题，表现为各种复杂的线条：曲线、直线或者几何图形，构图夸张动态，充满想象力，极富装饰性与感染力。新艺术建筑的大部分作品都体现为这类充满想象力的线条的创造。比利时的奥塔和法国的吉玛德都是挥洒曲线的大师，他们的建筑主要通过铁质构件表现抽象的曲线母题，不论是缠绵盘曲的植物藤蔓还是翻滚的海浪，抑或是难以名状的动态韵律，都在他们的建筑上以抽象的形式得以表现。英国的麦金托什则以表现垂直线而著称，自然的花朵形象在他的建筑中也以极其抽象的形式存在。维也纳分离派则在抽象的直线以外加入了抽象的几何图形，如方形或者圆形图案，加以有韵律地组合（图.2.3.1～图2.3.5）。

象征的主题则源于象征主义艺术的影响，在法国和比利时多见，体现为以优雅的女性形象以及人物与自然或者抽象线条的结合，也普遍流行于北欧和俄罗斯，在建筑上以优雅的女性雕塑或者仅仅是女性头像的雕塑来装点立面的做法比较多见。

2.3.2　新艺术建筑的表现手段

在表现手段上，新艺术建筑主要体现的是线条及色彩的表达。

新艺术主要作为一种装饰艺术形式，在表现手段上着眼于平面感，极少表现空间，这一原则同样在建筑上得以体现。以各种形式的线条来装点建筑的室内外，既包括酣畅淋漓的曲线，也包括简洁抽象的垂直线以及直线与曲线的组合，在色彩上则主要表现为所选择材料的天然色彩、材料的质感或是二者的结合。

新艺术的曲线最富特色、最具创新性，高度的抽象提炼、高度的程式化，潇洒自如、恣意奔放而又不失浪漫优雅，充分体现了这种风格的创造力和想象力。

新艺术的直线线条使建筑增加了高挑、冷峻、果断、利落等印象，如英国格拉斯哥的麦金托什的直线表现出一种高耸的优雅，而分离派的建筑师在垂直线、花卉图案之外还进一步发展了很多简单抽象的基本几何形构成的图案，抽象几何图案的组合经常赋予建筑以不同的节奏感，给人以新时代的新形象的感受。

在色彩的表达上，既有麦金托什的淡雅的色彩，也有如高迪的建筑中色彩斑斓的马赛克或瓷砖等的艳丽的色彩，还有很多建筑上大量应用色彩繁多、或缤纷或朦胧或透明的玻璃以及诸如木材、石材等天然材料的天然质感和色彩的表达。

2.3.3　新艺术建筑的材料

新艺术建筑在材料的运用上广泛采用新材料。新艺术的建筑师始终关注工业时代的新材料，铁、钢、玻璃、新型陶瓷等是他们首先关注的，木材、黄铜或青铜等传统材料也会娴熟地加以运用；对于材料天然属性的表达是新艺术设计师最为拿手的，铁与玻璃、彩色的陶瓷砖与马赛克，无论是室内还是室外，都可以广泛地使用，铁质材料用来表现灵活的曲线，玻璃传达通透感和变幻的色彩，彩色瓷砖和马赛克则可以变换各种复杂的图案，木材在北欧和俄罗斯则更多是作为地方性特点的体现（图2.3.6～图2.3.8）。

2.4　俄罗斯新艺术建筑风格的形成

在俄罗斯，新艺术这个词一般用来特指19、20世纪之交俄罗斯艺术中一种引人注目的潮流，它还常被称作"Style Moderne"，即现代风格，这也表明了它的价值取向。这种潮流很明显与当时西欧一些艺术运动密切相关。然而俄罗斯新艺术绝不是一个统一的学派。相反，这个名词涵盖了一个大范围的具有稳定类型特征的不同艺术家的作品，而且除了它的社会和文化的多样性以外，俄罗斯新艺术的确还具有它自己的独特特点。

俄罗斯新艺术建筑能够发展起来，一方面是俄罗斯与西欧之间的密切联系，另一方面是俄罗斯自身也已经具备了滋养新艺术文化的土壤，从19世纪以来俄罗斯的国家环境和艺术氛围里即可略见一斑。

图 2.3.1 奥尔布里奇，维也纳分离派总部的铜质穹顶细部，1897

图 2.3.2 维克多·奥塔，索尔维住宅立面，布鲁塞尔，1894

图 2.3.3 维克多·奥塔，索尔维住宅的楼梯栏杆

图 2.3.4 维克多·奥塔，索尔维住宅阳台

图 2.3.5 吉玛德，巴黎地铁站出口的铁质栏杆

图 2.3.6 维克多·奥塔，里特维德
住宅的中央大厅，布鲁塞
尔，1899

图 2.3.7 高迪，巴特罗公寓屋顶的彩色烟囱，1906

图 2.3.8 奥托·瓦格纳，Majolica
住宅立面的彩色瓷砖装饰，
维也纳，1898—1899

2.4.1 俄罗斯 19 世纪的国家环境

俄罗斯从漫长的、封闭发展的中世纪一路走来，到 18 世纪初开始进入一个崭新的时代。为了摆脱一直以来被西欧先进国家所蔑视的尴尬地位，彼得大帝推行全盘西化的改革，引领了包括文化艺术在内的一切社会领域的变革，社会生活的方方面面以至于日常生活的细节都要模仿"欧洲的方式"。到叶卡捷琳娜大帝时更新法律，送贵族青年去西欧留学，引进西欧的文学、哲学等，进一步推进了西化的进程。罗曼诺夫王朝王室的德国血统渊源也决定了俄罗斯与西欧之间注定扯不断的紧密联系。她还通过多次战争，建立了疆域庞大的俄罗斯帝国，确立了其在欧洲乃至世界都不容小觑的地位，终于在欧洲占据举足轻重的一席之地。

18—19 世纪的俄罗斯文化具有高度的开放性，广泛接受外来影响，俄罗斯也主动向欧洲文化艺术的中心法国和意大利学习。18 世纪新的帝都圣彼得堡的建设，有众多法国和意大利的建筑师参与甚至主导设计，使俄罗斯成功融入西欧建筑文化中。

俄罗斯通过 19 世纪下半叶的改革，废除农奴制，开始走上资本主义道路。与法国和奥地利的联盟关系的建立，加快了西欧资本对俄罗斯工业和商业的注入，加上矿产资源的开发利用、铁路的延伸、出口贸易与银行业的发展，使俄罗斯走上了快速工业化的道路。同时，以莫斯科和圣彼得堡为首的城市的都市化进程也大规模展开。

到19世纪末，俄罗斯终于扭转了在文化方面落后于西欧国家的局面，开始跟上其他国家发展的脚步同时兼具本民族文化的鲜明特色。

2.4.2 俄罗斯19世纪的艺术氛围

俄罗斯的新艺术建筑的出现，从整个世界的视角折射出这个国家当时的社会和政治的发展。在1900年前后俄罗斯的形势是极其复杂的，这也是为什么俄罗斯新艺术包含了那么多不同的甚至完全相反的尝试。一方面是由于《艺术世界》（Mir iskusstva）这样的美学杂志的培育，另一方面，它也受到托尔斯泰（Leo Tolstoy）思想的激发，1898年出版的托尔斯泰的名著《什么是艺术》掀起了热烈的讨论，这是世纪之交时期形成俄罗斯艺术圈的氛围的主要因素。不可避免地，世纪之交的俄罗斯艺术开始增加了前所未有的社会学方面的考量，诸如乌托邦思想的流行，以及对俄罗斯民族文化本源的兴趣的逐渐增长。

（1）民族浪漫主义思潮（National Romanticism）

National Romanticism 有时还称为 Romantic Nationalism，其含义并不是特别严谨。

民族浪漫主义思潮主要流行于北欧国家，是19世纪晚期到20世纪早期的民族浪漫运动的一部分，也是北欧新艺术建筑的形式来源之一。民族浪漫主义关注的是本民族本地区的文化传统如何在新的社会条件下得到传承和发扬，并如何以浪漫主义手法加以表达的问题。这种风格的建筑主要流行于芬兰、斯堪的纳维亚国家如丹麦、挪威、瑞典以及俄罗斯（尤其是圣彼得堡）。与其他地方的怀旧的哥特复兴风格不同，民族浪漫主义的建筑通过革新本土建筑表达了积极的社会和政治理想。设计师通过中世纪早期甚至更久远的历史来建构一种能体现民族内在品格的风格，是对工业化以及"北方的梦想"的民族主义的一种回应。

俄罗斯此时的美术和实用美术都深受"民族浪漫主义"的影响。这种思潮主要体现在建筑和实用美术上，在西欧的艺术学派里与重新受到关注的古代艺术传统、尤其是中世纪传统一样具有同等的价值。诞生于1885年的俄罗斯"民族浪漫主义"，或者如后来所称的"新俄罗斯风格"，几乎很快地就和视觉艺术的形式以及风格的动态研究联系起来。由于艺术过程的逻辑，这些探索很快获得了普遍的而非仅仅结构上的成就。这或许可以解释为什么引领思潮的先锋画家瓦斯涅佐夫在俄罗斯艺术中广受欢迎。新俄罗斯风格并不是当时仅有的浪漫思潮，但它是对俄罗斯新艺术有着很大影响的一种思潮。

（2）艺术家团体

19世纪下半叶俄罗斯艺术的发展与一些很有影响的艺术家团体有着密切的关联。

莫斯科近郊有几十座古老的庄园，但是没有哪一座像阿布拉姆采沃庄园那样在俄罗斯文化史上起到过如此重大的作用。1875年在位于莫斯科附近的阿布拉姆采沃（Abramtsevo），一位实业家兼艺术赞助人萨瓦·马蒙托夫（Savva Mamontov）在自己的庄园建立了一个艺术家的据点。在近四分之一世纪的时间里，马蒙托夫邀请了众多知名的有抱负的艺术家来到阿布拉姆采沃的庄园，如画家列宾（Ilya Repin）、瓦斯涅佐夫（Victor Vasnetsov）、弗鲁别利（Mikhail Vrubel）、戏剧导演斯坦尼斯拉夫斯基等艺术名流都无一例外地来过。马蒙托夫是这个小组的核心和组织者，被称为"了不起的萨瓦"。

在这个俄罗斯中心地带风景优美的地方，生活是在充满创造激情的氛围中展开的。工匠、画家、建筑师、手工艺者、剧作家聚在这里，不仅促成了新俄罗斯艺术思潮的诞生，而且促成了俄罗斯艺术家的一个新的团体的诞生，他们常被称为阿布拉姆采沃的艺术家。

"这里充满了罗斯精神，这里弥漫着罗斯气息。"[12]* 这是阿布拉姆采沃的整体氛围。俄罗斯题材成了这里的艺术家的创作主题，民族的历史、民间的艺术形式、阿布拉姆采沃的自然风光激发了他们的创作热情和创作灵感。民族浪漫主义或者说新俄罗斯风格成为阿布拉姆采沃团体创作的主导思想。

阿布拉姆采沃有设计室和工作作坊，包括木工作坊和制陶作坊，由瓦斯涅佐夫和弗鲁别利分别负责。1890 年还专门在莫斯科市中心开了一家商店，专门出售阿布拉姆采沃的作坊设计制作的新俄罗斯风格的家具和日用器皿。马蒙托夫和他的阿布拉姆采沃的艺术家把美观与实用相结合的理想看作社会责任，要把艺术带入日常生活，并且重新审视民间艺术的诗意，简言之，要使艺术民族化。

由 1880 年代早期的艺术家对于他们的民族遗产所引发的兴趣后来变成寻求建筑和绘画形式之间更近的关系的一种探索。很显然塑性语言的更新需要同时借助民间艺术和古代俄罗斯建筑。这也是阿布拉姆采沃的艺术家的主要观点，他们尤其对建筑感兴趣。他们的想法是渴望复活此前几十年被忽视的艺术和建筑的形式。在这方面，重新发现传统形式，包括圣像画家采用过的形式（这些画家被看作最深入的、最古老的、最特别的俄罗斯艺术传统的守护人），具有重要的意义。

"当俄罗斯艺术家开始重新发现莫斯科、诺夫哥罗德和雅罗斯拉夫尔的建筑时，新俄罗斯风格（并非"仿俄罗斯"风格）才能够存在"，1910 年著名科学家和艺术鉴赏家 V. Kurbatov 写道[13]。阿布拉姆采沃的艺术家如瓦西里·波莱诺夫（Vassily Polenov）、维克多·瓦斯涅佐夫正是从古代俄罗斯艺术品和农民艺术母题中获取了原生的艺术版本。

另一个艺术家的据点在塔拉斯基诺（Talashkino），位于斯姆兰斯克附近，建于 1900 年，也是出于与阿布拉姆采沃同样的理想而创办，只不过比阿布拉姆采沃晚好多年，它的全盛期是在 1900 年代早期。它的建立与著名的泰尼谢娃公爵夫人（Princess Tenisheva）有关，她不仅是一位有鉴赏力的收藏家和艺术赞助人，也是一位画家。塔拉斯基诺小组坚持一种原始的民族浪漫主义的倾向，它的手工作坊也生产反映俄罗斯民间艺术传统的日用品，这些作品主要受到弗鲁别利的影响，另两位新俄罗斯风格的画家谢尔盖·马留廷（Sergei Malyutin）和尼古拉依·洛伊里奇（Nikolai Roerich）对该小组的建筑创作有重要影响（图 2.4.1 ~ 图 2.4.3）。

对俄罗斯新艺术起到最重要作用的有两本期刊，《艺术世界》（Mir iskusstva）和《艺术与艺术品交易》（Art and the Art Trade），均创办于 1898 年的圣彼得堡。它们广泛地介绍当时正在流行的各种艺术探索活动。

《艺术世界》是由阿布拉姆采沃的核心人物马蒙托夫和塔拉斯基诺的泰尼谢娃共同资助几个年轻的艺术家创办的，因而某种意义上它是这两个艺术团体的喉舌。《艺术世界》向读者介绍欧洲和俄罗斯的各类艺术形式：绘画、建筑、雕塑、工艺品等，而且表现出对于北欧新艺术，尤其是芬兰画家的兴趣。虽然存在的时间不长，然而它做到了最重要的一点：将志同道合的人集结成一个团体，即所谓的《艺术世界》艺术家，包括画家亚·尼·别努阿、索莫夫、谢·帕·加吉列夫等。《艺术世界》团体的成员们与阿布拉姆采沃的艺术家有些不同，他们特别喜欢怀旧的题材，对西欧艺术非常神往，他们以西方画家为取向目标。《艺术世界》还定期在圣彼得堡举办同名艺术展，还有 1905 年的俄罗斯肖像画展、1906 年的巴黎俄罗斯绘画展，更将俄罗斯芭蕾舞推向了西方艺术的中心：巴黎。这个

---

* "罗斯"是"俄罗斯"一词的来源，很多时候，"罗斯""罗斯国""基辅罗斯""俄罗斯"等名词常常混用。

艺术家团体对俄罗斯世纪之交的绘画、戏剧、装帧等艺术做出了卓越的贡献（图 2.4.4 ~ 图 2.4.6）。

不难看出，这些艺术家团体不仅关注探索新俄罗斯风格，而且关注与欧洲其他地区的艺术交流。

（3）与西欧的交流

俄罗斯对它西边的欧洲的关注是一贯的，主动的。

进入 19 世纪的俄罗斯帝国，仍然是"一个向西观望的，但却仍然有一半在亚洲的，压抑的独裁政体"[14]，古典主义和新古典主义的宏伟效果和强大的纪念性特征统领了帝都圣彼得堡的建筑，许多来自英国、法国或者意大利的建筑师都在圣彼得堡留下了他们的作品。很多本土设计师也因循着古典主义的原则进行设计。这是新艺术出现在俄罗斯之前的建筑和城市的状态。

俄罗斯与西欧的关系在俄罗斯新艺术的诞生中扮演了重要角色。在近两个世纪的西化的基础上，到 19 世纪下半叶俄罗斯艺术家和学者与西欧的联系和交流几乎变成了一种常态。大量的俄罗斯年轻艺术家在巴黎和慕尼黑的私人工作室工作，另一些人去大型的欧洲艺术中心朝圣；几乎所有这些人都有可能看到夏瓦纳（Puvis de Chavannes）的壁画、法国纳比派艺术家和维也纳分离派的绘画作品、劳特累克的招贴画等。西方的杂志 *Studio*、*Pan*、*Jugen*、*Art et Décoration* 以及在圣彼得堡举办的西方艺术展，使俄罗斯公众了解到国外的最新的

图 2.4.1 米哈伊尔·弗鲁别利，彩瓷贴面的壁炉细部，阿布拉姆采沃，1890

图 2.4.2 谢尔盖·马留廷，彩色木刻嵌板，塔拉斯基诺，1903

图 2.4.3 谢尔盖·马留廷为塔拉斯基诺的木屋 teremok 所做的木雕长椅，约 1900

图 2.4.4 亚历山大·高洛温为圣彼得堡的"当代艺术展"上的俄罗斯传统木屋 teremok 所做的木雕长椅，1903

图 2.4.5 亚历山大·高洛温，装饰画，《艺术世界》1903 年第 9 期

图 2.4.6 亚历山大·高洛温，装饰画，《艺术世界》1903 年第 9 期

艺术和工艺美术的发展。1897 年在圣彼得堡举办的国际招贴画展览是一项极有影响的事件，那些已颇有建树的大师们——Otto Eckmann、Jean-Louis Forain、Eugéne Grasset、Alphonse Mucha、Toulouse-Lautrec 等——的作品使俄罗斯人强烈地感受到了西欧正在流行的新艺术的形式（图 2.4.7、图 2.4.8）。

俄罗斯建筑师直接或间接地从邻国各种出版物上了解所谓现代的建筑，但最应该感谢的是有关建筑的专业刊物。出版于 1872 年的《建筑师》杂志对境外的建筑经验给予了很大关注，上述的《艺术与艺术品交易》也刊载了很多关于法国和比利时新艺术探索的文章。1899 年创刊于莫斯科的《建筑图形》（Arkhitekturnye Motivy）提供了一种更易理解的新的建筑图形的视角，同时最早使用"Style Moderne"（现代风格）一词来指代 20 世纪初俄罗斯千变万化的建筑风格 [15]。1902 年创刊于圣彼得堡的《建筑博物馆》（Arkhitekturnyi Muzei）对出现在俄罗斯的新风格进行批判分析，并报道国外建筑和实用艺术的新发展，尤其是苏格兰和英格兰工艺美术运动的作品，在这本杂志上莫里斯简直被奉为圣徒。创刊于圣彼得堡的《艺术世界》里介绍了对新风格最有影响的苏格兰建筑师麦金托什，俄罗斯建筑师和设计师伊万·伏明（Ivan Fomin），以及奥地利的约瑟夫·奥尔布里奇（Joseph Olbrich）。

俄罗斯主要大城市的建筑师也早已通过各种渠道了解了欧洲的专业期刊，如《艺术装饰》（L'Art décoratif）、《建筑师》（Der Architekt）、《柏林建筑》（Berliner Architekturwelt）等。

2.4.3 俄罗斯新艺术建筑的基调

新艺术建筑被认为是俄罗斯建筑形式继折中主义之后在形式和精神上的又一次攀升。

艺术史家经常把新艺术说成是"世纪之交的风格"，这个词只在一个精确的、科学的语境中才有意义。因为，很难给出俄罗斯新艺术的确切时间，比较稳妥的说法是大约 1895—1905 年期间这种风格很流行，与其他大多数国家一致。尽管这种风格流行时间很短（10—15 年），新艺术还是在 1900 年左右的俄罗斯思想和艺术界留下了深远而广泛的影响。新艺术的作品，从建筑到贺卡，从铁质栏杆到珠宝挂饰，在俄罗斯帝国随处可见。它们反映并随之影响了这一时期复杂的艺术氛围。

图 2.4.7　1899 年圣彼得堡的"法国艺术展"海报之一

图 2.4.8　1899 年圣彼得堡的"法国艺术展"海报之二

　　俄罗斯新艺术与欧洲其他地区的新艺术的关系是显而易见的。欧洲的新艺术一般都有优美灵动的曲线装饰，俄罗斯新艺术也不例外，曼妙的曲线和装饰物甚至布满了俄罗斯的剧院内部和早期的电影布景上。俄罗斯新艺术和当时的西方艺术之间存在着明显的联系，但是这并不是说俄罗斯新艺术就不具有它自身的俄罗斯特征，或者不能反映俄罗斯当时历史的批判性氛围。俄罗斯新艺术的社会学以及精神方面的独特性可以很容易地加以确定，它对某种特别的形式的偏好也很容易被证实，正如一些艺术史家所指出的，新艺术的本质——不管它的民族性如何——总是会被人们回避，如果人们仅仅关注于它的普遍的风格化特征的话。尽管它的塑性的语言是如此特别而令人瞩目，以至于我们第一眼就能把它从世纪之交的美术、建筑和实用艺术中分辨出来，但是我们还是很难有效地抓住俄罗斯新艺术复杂的美学和思想基础。

　　与发生在比利时和英格兰这些西欧国家的新艺术不同的是，俄罗斯新艺术并非起源于一种有关"新风格"的理论、历史或社会的原则。在 19 世纪末 20 世纪初的俄罗斯艺术中并没有威廉·莫里斯那样的画家、社会活动家和企业家去吹捧"新的艺术"的信条（当然这并不意味着莫里斯的作品在俄罗斯没有受到关注），也没有如比利时新艺术的艺术家凡·德·维尔德那样的关于建筑和装饰艺术的有影响的理论可以相提并论。

　　俄罗斯新艺术重要的一点就是它涵盖了所有的倾向，有时甚至是在一件作品里。人们在弗鲁别利的作品里可以看到新艺术风格化的特色，同时还有与"民族浪漫主义"明显相关的时时萦绕的诗意。俄罗斯新艺术处于上述不同思潮的交叉点上，许多俄罗斯新艺术的大师发展出了与国际化的艺术发展相联系但属于他们自己的灵活体系。

　　可以看出，俄罗斯新艺术结合了西欧新艺术在空间、塑性、绘画性、线条性的探索的同时，还加入了民族浪漫主义的情调并以此为特征，旨在强调传统的俄罗斯建筑和民间艺术，但是它始终是现代的灵魂，最后这点是尤其重要的思想。尽管俄罗斯建筑师频繁地依赖于他们本国的民族形式和材料（例如木材），但是西欧的影响一直持续且强有力地影响着俄罗斯新艺术建筑。

　　从俄罗斯的新艺术作品中（无论是建筑、绘画、雕塑、印刷品或是实用艺术），人们不难发现它与英国的比尔兹利的优雅线条、麦金托什的风格化线条、比利时新艺术、维也纳分离派风格的新巴洛克式的华丽以及法国的劳特累克和加莱的流动的蔓藤花纹密切关系。这带来了一个有关俄罗斯新艺术的基本问题：它的来源到底是什么？一些艺术史家认为应归功于西欧艺术的影响，另一些则坚持认为它在某些俄罗斯艺术家的作品里同步出现，是在任何已有的审美教义以外独立发展出来的新风格。那么，真相也许就在这两者之间。很可能每个欧洲国家（包括俄罗斯）在某种程度上都是独立走向新艺术，但是很明显不同学派间存在着大量的共通之处，具有一种国际化的风格的倾向。其实每个国家的流派都表达出了本国特有的历史经验，从这个意义上说，"民族浪漫主义"的概念对所有欧洲国家都有效。当然，世纪之交的俄罗斯新艺术的本国来源被认为不仅存在于民间艺术而且还存在于俄罗斯人对待自然的态度中。一个俄罗斯作家发表的关于 1900 年巴黎世博会的评论中这样表达关于这个问题的看法：

　　"从自然中寻找灵感是艺术不朽的原则，在人类社会很普遍。但是就像艺术家在他的作品中表现出来的个性一样，一个民族的艺术反映出一个国家的性格、生活方式和它的历史。譬如今天，每个人都在画风格化的花朵，这已经成为一种装饰狂热，但如果你对比一下法国人和英国人画花朵的方式，其中的不同会马上显现出来。那么哪一种更自然呢？德国人的绘画和俄罗斯人、意大利人和英国人的都不同；日本的画和法国艺术家画布上的画也不同。这种不同的原因不在于不同国家的画家画的是他们本国自然中的对象，而在于每个艺术家都有按照他们自己的气质和感觉表达自然的方式。"[13]

　　这一有关风格化的自然的原则在 1890 年代晚期由艾莱娜·波莱诺娃引入到俄罗斯，并系统地探索了将自然形式转换成审美形式的方法。如果一栋建筑采用这种或那种风格是完全平常的事，尤其 19 世纪的建筑，那么风格化的概念反映了一个不同的视角，是特别针对新艺术的。风格和风格化可被看作艺术对有形世界的同化吸收的两个不同阶段，也是形式阐释的两极。两者之间的不同与对自然、人类和建筑的感知不同是相一致的。

19 世纪下半叶的艺术家试图努力去精确地描述自然，甚至深入到最小的细部。另一方面，新艺术与全球影响相关；它强调了自然的某些方面同时剔除其他，同时也不介意对它的范本进行歪曲和变形。新艺术风格化的图像就像是主观的审美描述，即夸大了视觉真相的某些方面以便制造一种特别惊人的艺术印象。预示着这一审美革命的第一个标志出现在建筑上，包括实际的建筑和乌托邦构想的设计。建筑重又开始体现诗意的思想，就像浪漫主义时期那样，但是现在，反映着一个更为复杂的建筑景象，这些主张被打碎成了多种的形式元素。

与浪漫主义时期自由地从历史范本中获得灵感的建筑师不同，世纪之交的建筑师极少公开借用历史（原则上新艺术拒绝历史）；相反他们暗示其作为一种途径来表达他们对于某种不可实现的理想和某种失落的天堂的渴望。

俄罗斯新艺术的怀旧倾向，是由对古典主义以及古代俄罗斯建筑的兴趣的复兴而引发的（尽管在新的美学视角下重新解读），是对被遗忘的和谐的渴望。这种对于独有的、永远无法重复的过去的怀恋，与拒绝历史形式、只使用从植物和抽象的几何图案中提取的装饰母题的原则相抵触。

真正称得上俄罗斯新艺术建筑的革新方面在于多种不同要素的共同作用，包括建筑"真实性"的思想、建筑与装饰艺术的融合（例如阿布拉姆采沃的艺术家所做的建筑设计）、当时的流行时尚的影响、建筑技术的发展和新材料（钢、钢筋混凝土、玻璃、改进的陶瓷砖）的传播。

新艺术对于俄罗斯建筑的贡献、对于建筑形式的变革、对于理解建筑的方式的变化，可以说是显著的。新风格的发展是 19 世纪后半叶逐渐改变世界建筑的复杂进程所带来的合理结果，它也奠定了一条新的美学之路。吞没了 19 世纪末俄罗斯建筑师的折中主义的危机导致了第一个卓有成效的探索——新艺术建筑的备受瞩目。

2.5 俄罗斯新艺术建筑的地域特色

2.5.1 新艺术与民族浪漫主义相交织

如前所述，民族浪漫主义在俄罗斯又被称为"新俄罗斯风格"，是 19 世纪末伴随着对本民族文化传统的积极发掘和表达，而在建筑中产生的浪漫主义风格。民族浪漫主义的产生，恰好伴随着一系列对于新时代的新的建筑形式的思考和探索，这其中就包括新艺术的探索，因此，新艺术与民族浪漫主义一直交织在一起，交织在俄罗斯建筑走向现代化的进程中。从探索的广度上来讲，新艺术所涉及的领域和影响面要大于民族浪漫主义，因而民族浪漫主义某种程度上也可以看作新艺术探索的一个组成部分。

在俄罗斯新艺术建筑的发展中，广泛地采用和借鉴了西欧新艺术建筑的国际化语言，如法国和比利时的曲线、英国和奥地利的直线语汇等，不过没有南欧的意大利和西班牙的新艺术痕迹，因此总体上呈现出共通的、国际化的新艺术形式和特征。但是，由于民族浪漫主义相伴左右，使得俄罗斯新艺术建筑呈现出不同程度的俄罗斯民族传统特色，形成"国际化的建筑语言 + 民族传统语言"的特色。通常，人们习惯把新俄罗斯风格看作新艺术风格的变体，但是仔细研究可以发现它其实是俄罗斯新艺术的一个重要来源。1900 年巴黎世界博览会的俄罗斯展馆就是一个例证。

民族浪漫主义的语言比较多地体现在两个艺术家团体：阿布拉姆采沃和塔拉斯基诺的艺术家的作品中，他们是新俄罗斯风格的奠定者和追求者，很早就以实用美术、装饰为切入点进行创作。这两个团体的很多艺术家都是画家和舞台布景出身，这对他们的建筑设计也有很多影响。也可以说，新俄罗斯风格的兴起要感谢这些艺术家，他们开创了对于俄罗斯建筑的纯装饰的探索。

这种新风格的第一个实例是 1900 年巴黎世博会的俄罗斯工艺展馆，这座全木结构的建筑第一次结合了新俄罗斯风格和纯粹的新艺术风格元素。两位年轻的建筑师康斯坦丁·克洛温（Konstantin Korovin）和亚历山大·高洛温（Alexander Golovin）最终完成了这个设计。他们将先驱艺术家的思想和探索转变成了真实可见的建筑。也可以说，这座建筑引领了俄罗斯新艺术建筑的产生和发展。从这座展馆中可以找到很多这种风格的例证：窄长的原木线条、狭小的窗洞口、多变的体块、高耸的坡屋顶，这些都是来自于俄罗斯民间的建筑语言。而且，它说明了俄罗斯的探索已经与其他国家的发展同步了。通过这次展览会可以看到每个国家的新艺术都有自己的民族特色，而新俄罗斯风格以它明快的色彩和动感的线条引起了公众的注意（图 2.5.1）。

亚历山大·高洛温的早期舞台设计很有代表性，但是他最具风格和色彩的建筑之一是 1903 年为圣彼得堡"当代艺术展"而建的 Teremok（一种传统木屋）。这个建筑设计的有趣之处在于，它与高洛温之前的舞台布景设计明显类似，即在同一年为根据普希金的剧作改编的芭蕾《魔镜》而设计的布景。这种相似引出了独立的装饰母题。这种口头民间传统的影响不仅从装饰物上而且从住宅的实际设计中就可以辨别出来。

高洛温的作品为俄罗斯早期的新艺术风格提供了有效的范例。在弗鲁别利等艺术家的影响下，高洛温开始以相当常见的形式语言转向新艺术。但是很快，丰富的想象力使他发展出属于自己的抒情、浪漫而精致的风格。他对色彩有深刻的感悟，对建筑的逻辑有精妙的把握。他的建筑特别引人注目，装饰丰富而且线条优雅。事实上他的建筑设计也是他的布景作品的延伸和实证。

与高洛温类似，画家兼建筑师的谢尔盖·马留廷（Sergei Malyutin）为塔拉斯基诺的木屋所做的建筑设计其实也更类似于装饰性的嵌板或者舞台布景。墙壁上灰色和丁香紫色的装饰物与自然的色彩毫无关系，但是却与新艺术所青睐的朦胧的调子很和谐。他的雕刻装饰也使人想起民间的神灵和异教的太阳符号。马留廷的装饰对象和家具——箱子、餐垫、桌子、扶手椅——它们是非几何形的形象元素，来源于与他的建筑画同样的灵感。充满生气的色彩和深沉的调子使他的每个设计都是一个独立的形象作品。同样的设计原则也出现在他的建筑设计和装饰设计中：都强调线条并借助民间的形式——换言之，一种异教徒的狂欢的格调。

作为俄罗斯新艺术独辟蹊径的第一批先驱之一，马留廷所有的早期作品里，保持了民俗画中的所谓"漂泊"的艺术家传统。后期他倾向于纪念性的装饰形式。他实践了大规模的装饰嵌板，设计了舞台布景并且以一种纪念性的形式展现了普希金的剧作。他的设计在即将到来的岁月里具有特别的意义：不仅是给予他个人色彩的俄罗斯民俗的诗意和传奇形象的稔熟，也改变了他对于塑性语言的感受。"他的作品完全来自他的想象力以及俄罗斯农民的建筑，

图 2.5.1 康斯坦丁·克洛温和亚历山大·高洛温，
1900 年巴黎世界博览会的俄罗斯展馆

图 2.5.2 谢尔盖·马留廷，佩厄索夫住宅，莫斯科

图 2.5.3 谢尔盖·马留廷，佩厄索夫住宅立面上的瓷砖，莫斯科

鲜活、有魅力、如画的。"[13]

在这种联系当中，马留廷设计的位于莫斯科的佩厄索夫（Pertsov）住宅（1905）的立面尤其有意义，看起来更像壁画而不是建筑设计。明显的目的是以明亮的立面色彩来遮掩公寓住宅老套的设计，他设计了多种形式的窗、阳台、凸窗，并以陶瓷砖盖住了山花。这种通过打破过度规则的窗口来掩盖或者使实用建筑更加浪漫的方式（以此来使观者不至于感觉太单调乏味），可以联系到新俄罗斯风格的戏剧化倾向（图2.5.2、图2.5.3）。另一个这种"戴面具"的实例是著名的莫斯科 Tretyakov 美术馆。其设计以瓦斯涅佐夫的早期作品（1900）为基础，真实的建筑结构外部被构思成了一个宏伟、如画的布景。统一的几乎无窗的表面和对比的彩色环带的结合是一个典型的新艺术的装置。这在新俄罗斯风格里面也很普遍，后来转变成真正的新艺术。在俄罗斯建筑中也许从没有过比较激进的形式探索，也没有任何相关的塑性的努力、精致的细节、令人愉快的比例、优雅和谐的轮廓线。

民族浪漫主义的渗入，使俄罗斯新艺术建筑与民间传统的绘画、雕刻等形式结合起来，主题是传统的、象征性的，表现形式也不是通过抽象的线条，而是雕刻或者绘画的完整介入，在建筑上后来比较多见的立面上的彩色瓷砖壁画就非常典型，从而具有鲜明的俄罗斯地域特色。

2.5.2 多种地区风格

俄罗斯地域辽阔，新艺术建筑在俄罗斯的发展也涉及很多地区，其中莫斯科和圣彼得堡是两个突出的中心，在19世纪末和20世纪初各自都拥有相当数量的新艺术建筑。但是，这两个城市的新艺术建筑却有着比较明显的不同，甚至大异其趣。在这两个城市以外的地区，也发展出各具特色的新艺术形式。"帝国新艺术""古典新艺术""木构新艺术""地方新艺术"……这些名目繁多的标签在含义上不乏重复或者交叉的地方，但是也清楚地显示出俄罗斯新艺术建筑的多样的地区特色。

（1）莫斯科：西欧新艺术与新俄罗斯风格

一位到过莫斯科的法国作家阿拉贡（Louis Aragon）

图 2.5.4　莫斯科阿尔巴特大街上的
公寓住宅，约 1900

图 2.5.5　莫斯科某公寓住宅立面
细部，1903

在看到莫斯科阿尔巴特大街两侧的新艺术宅邸时这样描述："……我看到了那些与巴黎、巴塞罗那和布鲁塞尔不相上下的住宅……有 1900 年舍赫德利设计的里亚不申斯基府邸盘曲的铁质栏杆和檐下的花卉图案的马赛克装饰……这些 1914 年前就已存在的建筑的灵感同时来自俄罗斯的传统和国际化的现代装饰艺术运动……这些新艺术建筑室内那些醒目的壁炉、铁质的格栅、楼梯栏杆和树枝状吊灯足以让西方最华丽的室内黯然失色。"[13]

正如阿拉贡所描述的，19 世纪末 20 世纪初莫斯科地区的建筑是新俄罗斯风格和国际化的新艺术的独创的融合。作为对这种建筑很陌生的一个旁观者，他对这种世纪之交的俄罗斯艺术独创探索的复杂特性只有一种朦胧的认识，但是这并没有阻止他以敏锐的洞察力来观察他所见到的莫斯科的早期现代建筑。

在莫斯科，城市宅邸建筑的主要特色就是与本地建筑传统的结合。在世纪之交，街道的结构充分反映出城市的魅力，居住区的街道两侧是枝叶茂盛的浓荫下的院落，院落里面坐落着形态各异的小住宅。这种新住宅的灵活的特性体现在它们的尺度和比例上。它们的立面以灵活的构图给人以印象深刻的多样性，建筑本身显示出对于家庭生活舒适性和亲切的比例的关注，这些都是莫斯科地区的建筑传统（图 2.5.4、图 2.5.5）。莫斯科的新艺术宅邸，尤其是坐落在阿尔巴特大街两侧的，以各自的独特个性向人们展示着这些世纪之交的著名建筑师的独创，这些建筑师包括：列夫·科库谢夫（Lev Kekuchev）、费奥德·舍赫德利（Fyodor Chekhtel）、威廉·沃考特（William Valkot）、伊万·伏明（Ivan Fomin）。

在莫斯科，列夫·科库谢夫和费奥德·舍赫德利是两位最杰出的新艺术建筑的大师。

列夫·科库谢夫是莫斯科第一个新艺术风格的执业建筑师，他的作品是典型的法国 – 比利时新艺术建筑风格（图 2.5.6、图 2.5.7），铁质装饰构件的娴熟运用以及狮子（代表他的签名 Lev）的装饰和雕刻是他作品的个性特征。他的建筑看起来无疑是十分华美的，不过这位建筑师的空间结构很纯净，室内明亮而通透。他在莫斯科的里斯特（O. List）住宅的设计中实践了之后成为标准设计的一些手法：相对精致且富于装饰的立面处理（使人想起罗马风建筑），与简洁的室内进行对比。一系列优雅的拱形引向一个宽阔的楼梯，它沐浴在阳光下，暗色的扶手仿佛漂浮在空间里。室内一般仅有少量的新艺术装饰元素——黄铜烛台、饰有风格化的女性面具的门嵌板和植物形态的门柄，统一的、浅色调的墙壁与暗色的木装修形成简洁的对比。

费奥德·舍赫德利在创作初期的作品有新哥特的特征，但是很快就转变为新艺术的特色。公认的舍赫德利设计的最具有代表性的新艺术建筑作品是位于 A·托尔斯泰大街的富商里亚布申斯基（Ryabushinsky）的宅邸（1900—1902），堪称莫斯科新艺术建筑的典范。它给人的第一印象是不大但却是非常多变的体块组合，阳台、门廊是严谨的立面上的很有节制的调节，每个细节都经过精心的设计，风格化的鸢尾花图案的彩色马赛克腰线为立面增添了优雅的气质。而最激动人心的功能与装饰构件的完美组合出现在室内，这是俄罗斯新艺术最瞩目的杰作，是建筑师创造性的想象力的动态表达。内部空间构图的中心依然是一个中央大楼梯，完美有机的楼梯形式完全消解了建筑与装饰之间的界限，雕塑般的楼梯栏杆如波浪般翻滚而上，最终消失在空中，在不同角度给人以一系列动态的印象。室内大面积饰有植物纹样的彩色玻璃窗、壁炉、灯具、壁画、浮雕等装饰性元素与严整的墙面形成丰富的对比（图2.5.8～图2.5.12）。

图 2.5.6　列夫·科库谢夫，闵多夫斯基住宅，莫斯科，1903

图 2.5.7　列夫·科库谢夫，自宅，莫斯科，1901—1902

图 2.5.8　费奥德·舍赫德利，里亚布申斯基住宅一角

图 2.5.9　费奥德·舍赫德利，里亚布申斯基住宅檐下的彩瓷镶嵌画

新艺术的民族浪漫主义的代表作品莫斯科亚罗斯拉夫斯基（Yaroslavsky）火车站的设计也是由舍赫德利完成的。这个火车站是莫斯科九个火车站中旅客运输量最大的一个，主要服务东部包括俄罗斯远东地区，是西伯利亚大铁路西端的终点站。高耸的坡屋顶、尖塔、非对称的平面、多种色彩的镶面给予了它独一无二的特点，使它略微带有北方民族建筑的特点（图2.5.13、图2.5.14）。舍赫德利在莫斯科的新艺术建筑还有：德罗金斯基私邸（A. I. Derozhinsky）（图2.5.15）、莫斯科文化剧院的室内设计（1902）等。

在1900年代早期的莫斯科建筑中，来自西欧风格化的新艺术建筑的影响使建筑和装饰构件之间的结合大大增

图 2.5.10　费奥德·舍赫德利，里亚布申斯基住宅的窗　　图 2.5.11　费奥德·舍赫德利，里亚布申斯基住宅的主楼梯　　图 2.5.12　费奥德·舍赫德利，里亚布申斯基住宅主楼梯末端的窗

图 2.5.13　亚罗斯拉夫斯基火车站，莫斯科，1902—1903　　　　　a　窗　　　　　b　彩色瓷砖装饰

图 2.5.14　费奥德·舍赫德利，亚罗斯拉夫斯基火车站细部

多了。因此，建筑师威廉·沃克特（William Valkot）的设计中就注意了精致的线条、塑性的装饰和几何体量之间的结合。这位英裔的建筑师在世纪之交的几年中在莫斯科工作，之前他在圣彼得堡学习建筑，并在那里留下了一些作品，不过这些作品更接近于英国的建筑，尤其是麦金托什的。

　　威廉·沃克特是莫斯科精致化新艺术的代表人物，他最显著的个人商标就是用女士头像来做券心石装饰，成为最可识别的俄罗斯新艺术的建筑语言。与同时期的舍赫德利不同，沃克特从不涉及新哥特或者新俄罗斯风格，而是严格的新艺术风格。他最为著名的作品是莫斯科的大都会旅馆，参与者还有一大批建筑师、画家和艺术家。其正面和侧面都是不对称的，立面上部有几幅巨大的彩瓷镶嵌画，最大的一幅出自法国剧作家的剧目《梦幻公主》，是根据画家弗鲁别利的画制作而成（图 2.5.16 ~ 图 2.5.19）。

图 2.5.15　费奥德·舍赫德利，德罗金斯基私邸，莫斯科，1901

图 2.5.16　威廉·沃克特，石雕壁炉，莫斯科，1900—1902

图 2.5.17　威廉·沃克特，莫斯科古特凯尔住宅立面细部

图 2.5.18　威廉·沃克特，大都会旅馆的彩瓷镶嵌画

图 2.5.19　威廉·沃克特，大都会旅馆的彩瓷镶嵌画

从莫斯科新艺术建筑的建筑师和对他们作品的分析中不难看出，莫斯科新艺术建筑高度综合了西欧新艺术建筑与"新俄罗斯风格"的特征，形成自身独特的个性。莫斯科是俄罗斯中世纪文化传统非常深厚的地区，受到俄罗斯中世纪文化的影响比较突出，因此才会出现世纪之交的阿布拉姆采沃艺术家团体以及对"新俄罗斯风格"的探索。这些探索深深地影响到了莫斯科的新艺术建筑，因此在莫斯科新艺术建筑中，我们既可以看到纯正的西欧新艺术建筑语言，也可以看到传统的坡屋顶、帐篷顶、木装饰等，形成具有"新俄罗斯风格"的特有新艺术样式。

同时，莫斯科的建筑师非常注重与画家的合作，如舍赫德利等常常与画家合作，建筑上常出现用著名的绘画作品来做装饰，尤其是阿布拉姆采沃的画家反映新俄罗斯风格的作品。这些绘画作品又通过彩色瓷砖壁画的形式出现在建筑立面上，形成独特的风格，与西欧新艺术建筑中"画"在立面上的壁画颇有不同（图2.5.20）。除彩色瓷砖壁画外，彩色陶瓷马赛克装饰也是立面上常见的要素，它和壁画一起，为莫斯科新艺术建筑增添了鲜艳生动的色彩。

（2）圣彼得堡："帝国新艺术"或"古典新艺术"

莫斯科是具有深厚中世纪文化传统的地区，而圣彼得堡则是18世纪初彼得一世迁都而形成的，圣彼得堡的城市和建筑都是由来自西欧的建筑师和设计师完成的，如法国、意大利，他们为圣彼得堡奠定了巴洛克文化、古典主义文化的基础，进而随着俄罗斯帝国的需要，拿破仑时期的帝国风格也得到重视，因而，城市整体上显得庄重有余而鲜艳不足。

世纪之交，新艺术的探索本身并没有产生一种新的都市主义的概念（在那个时期它也不可能做到），而新艺术建筑经常以材料丰富的装饰性来体现艺术家和建筑师的个人主义思想和审美态度，但是，在圣彼得堡这样古典的城市里，它不得不遵从一种简朴、庄重的建筑风格，建筑的形式受到一定的控制并避免与周围环境发生冲突（当然还要顺应委托人的要求）。所谓"帝国新艺术"（Empire Art Nouveau）也就此诞生，实际上是圣彼得堡新古典主义和巴洛克的传统所决定的，是在新古典主义和巴洛克的基础上加入西欧新艺术的造型语言，这既是顺应时代潮流的需要，同时也是宏伟、庄严的帝都气派的需要。

在建筑的材料应用上，斯堪的纳维亚国家、尤其是芬兰的建筑风格对圣彼得堡的建筑产生了较大的影响，如喜欢用粗糙的天然石材，主要是灰色花岗岩，因为它冷静的色彩被认为与暗淡的北方地区的天空非常和谐。它决定了装饰雕刻和立面的基调。崇尚民族主题、天然的石材和木材的简朴的芬兰学派受到敬仰，伊里尔·沙里宁等具有国际地位的芬兰建筑师对圣彼得堡的新艺术建筑有直接的影响，尤其是由费奥德·里多瓦里（Fyodor

图2.5.20 比利时新艺术建筑墙面上的壁画，
Cauchie住宅，布鲁塞尔

Lidval）设计的建筑。费奥德·里多瓦里的大量作品都具有圣彼得堡学派的创造性构图和对材料的熟练使用的特色。里多瓦里大胆的体量被相当枯燥的线条装饰和不同材料的对比：砖和灰泥、石材和金属、玻璃和瓷砖所加强（图2.5.21）。

　　圣彼得堡新艺术建筑本质的理性特点在城市住宅上得到反映，比莫斯科同一时期的住宅更具有几何性、更具有线条感。莫斯科的新艺术建筑师对于建筑与装饰形式的结合是无法超越的，而圣彼得堡的建筑师则是混合使用各种不同材料的大师。也许是由于波罗的海地区严酷的冬季和太阳入射角度大的原因，圣彼得堡更喜欢用浅色的瓷砖、砖，更容易塑造几何的形式。这样，如果同时对比那些反映北欧新艺术浪漫影响的住宅的话，可以看出典型的圣彼得堡"古典新艺术"建筑的特点：创新的体量和空间处理，获得冷静的室内和立面。在室内装修上除了石材以外还大量应用木材及金属。

　　圣彼得堡新艺术建筑师的代表人物就是费奥德·里多瓦里，此外还有 Л·Н·别奴阿，他是《艺术世界》艺术家团体的代表人物。

　　新艺术建筑的鲜明特点表现在大量的私人府邸及公寓式住宅中。在公寓式住宅中，一般是六层、几十户人家共同拥有一个不大的院落。这些公寓式住宅往往位于城市主干道的两侧，有正面临街的庭院，所以沿街一侧一般形成开放式布局，使建筑空间组织进一步丰富。大型住宅综合体的典型实例是里多瓦里设计的托尔斯泰住宅（Tolstoy House），一个沿着河岸坐落的大型公寓建筑，由车道连接起三个院落。其正立面雄伟的处理赋予了这个巨大建筑群极其壮观的形态（图2.5.22、图2.5.23）。里多瓦里还设计了根罗夫斯基大街的带有一个不大的正面庭院的住宅，不同形式不同尺寸的天窗及窗户、各种各样的正立面饰面材料——这些方法使这栋建筑极具个性，外观惹人注目。

　　别奴阿设计的位于根罗夫斯基大街 26—28 号的公寓住宅也具有类似的特征，其正面庭院朝向大街的一侧是开放的，其目的是展现它的主体建筑。建筑综合体以巍峨的正立面及高质量的正立面加工而著称。在构图上综合体经常利用柱廊使内部的院落与街道相互分开。

　　20 世纪初新艺术建筑的风格还体现在圣彼得堡的一些大型公共建筑上，它们有着共同的特点：非对称的平面、丰富的建筑及装饰材料、立面和室内的艺术装饰，如大海港街（今天的格林其纳大街）的阿若夫斯卡－顿斯科银行（建筑师费奥德·里多瓦里）、铸造街新商场大楼（1912—1913，建筑师 Н·В·瓦西里耶夫）等。

　　可以概括地说，圣彼得堡的这种庄重典雅的"帝国新艺术"是新艺术发展过程中与城市文化传统相结合的产物，也是城市的需要。无论"帝国新艺术"还是"古典新艺术"的称呼，在圣彼得堡的建筑中，大多体现为均衡稳定的古典造型结合着古典的柱式语言或是巴洛克语言，再加上新艺术柔和优雅的曲线细部，比如窗的造型、墙面上的线条装饰线脚、女儿墙的轮廓线等。

　　一个比较有趣的现象是，圣彼得堡这种带有新古典建筑语言的"帝国新艺术"在某种程度上反过来影响到了莫斯科的新艺术建筑，即在新艺术建筑语言中增加了古典建筑语汇，使之呈现出"古典新艺术"的特点，

图 2.5.21　费奥德·里多瓦里，圣彼得堡 I·B·里多瓦里公寓的窗，1899—1904

图 2.5.22　费奥德·里多瓦里，圣彼得堡托尔斯泰公寓立面　　　　图 2.5.23　费奥德·里多瓦里，圣彼得堡托尔斯泰公寓内院

尤其是 1905 年以后，这种帝国风格的复兴在新艺术建筑上有更多的表现。

1905 年以后至俄国十月革命之前，俄罗斯建筑艺术领域出现了另一种思潮，即"俄罗斯新古典复兴"（Russian Neoclassical Revival），重新打出古典建筑语言的旗帜，与新艺术的主张背道而驰。这种风格在圣彼得堡最为盛行，在莫斯科和其他城市则比较少。说到底，其在圣彼得堡的流行是源于圣彼得堡自 18 世纪以来的古典主义传统，已经固化为它的城市传统而被人们所广为接受，圣彼得堡的一些上层社会的业主拒绝新艺术的现代风格而追求他们心目中城市传统的新古典主义的形象，来唤醒他们对于俄罗斯"黄金时代"的记忆。即使像《艺术世界》的艺术家小组成员 Alexander Benois、Ivan Fomin 也转向了这种风格，认为由此能回归城市之根。即便如此，新艺术风格在此时仍在继续，两种风格处于并行状态，相互之间的影响甚至交融肯定在一定程度上存在着。新艺术在 20 世纪最初的十几年中与其他古典建筑语言的交汇成为圣彼得堡新艺术建筑的一个显著特征。

（3）木构的魅力："地方新艺术"与"木构新艺术"

新艺术的建筑在许许多多俄罗斯城市留下印记，尤其是莫斯科、圣彼得堡及其周边城市、克里米亚的温泉镇以及伏尔加地区。大约从 18 世纪起，一种木构的"帝国风格"——即以木构方式模仿圣彼得堡的石造建筑——在一些地方城镇十分流行。到了 19 世纪末，一种结合了传统的手工艺技巧与现代建筑形式的"木构新艺术"风格在大城市涌现出来，而且特别受到乡村别墅这一类型的青睐，是那一时期非常有影响的一种（图 2.5.24）。

当然，创造不同于 19 世纪的建筑、基于一种新的准则的装饰和结构体系的愿望在新艺术建筑中找到了满意的出口。这尤其体现在普通的、平庸的新艺术建筑中，它们以极快的速度扩展到俄罗斯的城镇。地方建筑师中的一些人没什么经验，但是却能够迅速掌握这种新的流行风格的表面特点，经过努力，就能够任意使用这些装饰元素。这种被称为"地方新艺术"（Provincial Art Nouveau）的建筑可以找到无数的实例，在乌克兰，在俄罗斯帝国南部的城市：巴库、敖德萨、第比利斯，在 1900 年代早期这些地方的建筑比较繁荣。

受到莫斯科地区建筑的示范的鼓励，乌拉尔和伏尔加河地区甚至西伯利亚的地方建筑师在城镇里设计新艺术的别墅和住宅。他们模仿著名的新艺术建筑的形式和雕刻的装饰，经常把石材转换成木材：一种廉价并且更丰富的资源。

图 2.5.24 列夫·科库谢夫，诺索夫住宅的木构件，
莫斯科，1901

在克里米亚南部由莫斯科建筑师设计的府邸和别墅经常被模仿，他们在传播新的美学方面起到重要作用。

这种模仿也并非总是盲目的。在南部的温泉镇，一种本地的建筑开始兴起。他们的设计特点是对新艺术装饰母题和构图的夸张使用。高加索山脚下时髦的旅游点 Kislovodsk 镇里和周边，在那几年建起的许多别墅就是这一潮流的例证。它们一般让人想起浪漫的城堡（而且为了加强这种印象，它们一般建在多石头的地方），城堡竖起角楼、附带阳台和游廊、冠以石材或木材的观景台。

这一时期在俄罗斯境内很多旧的别墅被重新装饰成新艺术的风格，即改变它们的立面和室内而非改变基本的结构。这种流行的做法，它的改动和不可避免的近似，会使人对俄罗斯新艺术建筑产生错误的印象。事实上很多世纪之交的观察者被这个误导，不能正确理解那时的先锋建筑师的作品中所蕴含的原则。不可否认，陈旧和庸俗的存在显示出新艺术的理论基础确实薄弱。大量生产艺术、同时某种程度上还要保护每个作品的独特性的乌托邦主张导致了大量采用最优秀的建筑范本的作法被从新艺术的主流中分离出来；由于这些范例被大规模重新加工，导致了水准的降低。

随着新艺术的发展，人们意识到建筑不仅要满足功能的要求，而且也是建筑形式和体量的表达。人们更加关注材料、几何形、窗框架的线条处理、阳台栏杆以及熟铁或生铁的构件。向外凸出的窗和玻璃门变得更加时尚，光面或者亚光的砖可以获得更整体或令人满意的墙面。铁、木材、天然的石材、带釉的陶瓷砖等以全新的方式应用着。这些都是传统的材料，但是现在它们被组合进一个崭新的装饰体系中。

新艺术在俄罗斯各个省份都更加明显地展现了在商业和公共性建筑中与其他建筑的区别。但是由于莫斯科和圣彼得堡培训出的大量建筑师和专业人士偶尔也会投入到地方城市的建设中，从而促进了新艺术建筑在各地方省份的发展，同时也出现了一些艺术水平相对较高的独立作品。在地方新艺术中比较具有表现力的代表作应该是卡卢加市和车里亚宾科市的一些百货商店、基辅和萨拉托夫市的非露天市场、亚罗斯拉夫市的布里斯托儿宾馆等。

新艺术建筑风格在俄罗斯各地的广泛传播，造成了新艺术风格在不同的地区形成多样的个性特征。虽然有大量的模仿作品存在，但是也都注重结合本地区的固有传统，尤其是对于木构材料和木构形式的普遍应用，形成了各种"地方新艺术"的一个共同特征，成为俄罗斯新艺术建筑独有的地域特色，也是对世界新艺术建筑文化所做出的独特贡献。这些"地方新艺术""木构新艺术"见证了俄罗斯建筑师们在本民族建筑传统的基础上力图自我创作、自我突破的渴望。

3 哈尔滨新艺术建筑的形态特征
Architectural Characteristics of Art Nouveau Architecture in Harbin

如果不是一个历史的偶然，估计没有人会预测到发源于西欧的新艺术建筑，会经由俄罗斯来到一个东方的古老国度，实现跨文化的传播。伴随着中东铁路的修筑，伴随着俄罗斯的新艺术建筑文化的快速移植，哈尔滨在20世纪初迅速展现出鲜明的新艺术建筑文化特色。哈尔滨新艺术的来源无疑是俄罗斯，但是由于文化传播的相关规律的作用，俄罗斯新艺术建筑文化在哈尔滨也不可避免地会发生地域性的转化甚至变异，由此形成哈尔滨新艺术建筑特有的地域性特征。

3.1 哈尔滨新艺术建筑的地域性

3.1.1 边缘文化地位决定了文化空间的开放性

哈尔滨地区在中东铁路修筑之前，是以自然经济为主体的自然聚落，不仅远离正统的汉文化的核心区，而且原有的渔猎文明也非常有别于中原地区的正统汉文明，在中国传统文化圈中无疑是处于边缘文化的地位，因而中国传统文化对这一地区的辐射力和影响力可以说非常薄弱。俄罗斯人在哈尔滨铁路附属地内开始城市建设时，附属地内几乎是一张白纸，这反倒给俄罗斯人留下了很大的文化扩展的空间。

而从另一个角度看，新艺术建筑始发于西欧，并在很短时间内传遍欧洲其他地区，包括俄罗斯的莫斯科和圣彼得堡，欧洲是新艺术文化的发源地和核心区，而俄罗斯的远东地区则处在新艺术文化的边缘区上。哈尔滨，原本就是在这个文化圈以外的地区，通过铁路的修筑它才和俄罗斯乃至欧洲的文化区发生联系，实现跨文化的传播，因此从新艺术建筑的传播路线上看，哈尔滨同样是处于新艺术文化的边缘区。

因此，从东西方两个角度来审视19世纪末20世纪初的哈尔滨，它是同时处在了两种文化边缘的交汇点上。如果从文化学的角度看，当某种文化远离它的文化核心区以后，所受到的原生文化的辐射力越来越小，影响力也越来越小，而与其他文化发生交融的可能却越来越大，这意味着其文化所处的空间具有开放性的特点，创作自由度更大，多元的文化交融也更易于实现。

19、20世纪之交的哈尔滨由于中东铁路的修筑而具有这种文化空间的开放性，中西方文化在这里都可以施展拳脚，占据一席之地。但是，由于当时的政治因素的影响，中国文化被置于铁路附属地之外单独自发地发展着，而在铁路附属地内，西方文化却一枝独秀，占据了核心的发展空间，而且由于哈尔滨的边缘文化区的特性，西方文化在这里也获得了更大的创作自由度，这其中当然包括首先占据哈尔滨建筑文化领域的新艺术建筑。来自西方的新艺术建筑在哈尔滨这个东方的城市里获得了与西方迥异的、但是更大的发展空间。

3.1.2 强制性移植带来的新艺术建筑的纯正性

如前所述，由于当时的政治经济因素的影响，哈尔滨铁路附属地内的建设完全由俄罗斯人掌控，使得西方文化在这里一枝独秀。这样的文化传播带有强烈的强制性特征，强制性的传播没有融合其他文化的余地。而强制性的文化传播的主要手段就是移植和复制，俄罗斯人在哈尔滨开始建设的时候，就采用西方的城市规划思想，完全按照西方的模式来建设哈尔滨。在建筑上，就是大量、快速地移植和复制莫斯科和圣彼得堡的建筑样式，尤其是当时正在流行的新艺术建筑。

这样的强制性的移植和复制，使得哈尔滨的新艺术建筑在城市建设初期就具有非常纯正的俄罗斯新艺术特色（俄国人建在哈尔滨的第一座建筑——香坊公园餐厅就是新艺术的样式），兼有莫斯科的"新俄罗斯风格"和圣彼得堡的"帝国新艺术"风格。这一特征从哈尔滨建城之初的大部分建筑、尤其是铁路系统的行政和居住建筑中就可以明显地看出来，它们都表现为极为纯正的俄罗斯新艺术建筑样式。

原中东铁路管理局是中东铁路在哈尔滨的最高行政管理机构，其办公大楼代表了俄罗斯帝国在此处的形象。因而古典式的庄重稳定的轴线对称构图、整齐有序的门窗立面布局都是它所必需的；灰绿色的石材贴面，也是圣彼得堡建筑中比较典型的做法。仅在门窗细部的曲线线条以及女儿墙的装饰线脚、女儿墙上铁质栏杆的做法上采用了新艺术的语言，室内部分家具和装修细节则体现为维也纳分离派的几何形特征。这栋大楼总体上显示了最典型的圣彼得堡"帝国新艺术"的特征（图 3.1.1）。

位于公司街 78 号的原中东铁路高级官员住宅，体量小巧而多变，新艺术曲线形式的木构阳台栏杆和檐下装饰构件体现出俄罗斯木构新艺术的典型特点，而顶部带尖顶的小帐篷顶又具有"新俄罗斯风格"的特征（图 3.1.2）。现联发街的两处原中东铁路高级官员住宅，同样是小巧而灵活的体量，同样有木构新艺术的阳台栏杆和檐下装饰木构件，屋顶虽没有俄罗斯式的帐篷顶，但是精巧的带曲线线脚的凉亭、窄窄的但是呈梯形的奇特小窗，也显示出俄罗斯新艺术建筑中来自民间传统的鲜活生动和如画的特色。

原莫斯科商场，以一组古典的文艺复兴式的方形穹隆形成活跃的天际线，舒展朴素的墙面只通过具有新艺术特色的抛物线形的窗和少量曲线的铁质构件作为装饰，具有俄罗斯"古典新艺术"的端庄大方的特色（图 3.1.3）。

原哈尔滨火车站，舒展的形体，配合优雅的新艺术曲线线条与各种新艺术的细部装饰，呈现典型的新艺术建筑

图 3.1.1　原中东铁路管理局

图 3.1.2　原中东铁路高级官员住宅

特色，尽管它的做法本身可能是地方新艺术的模仿做法，不过带来的仍是比较纯粹的新艺术形象。

上述实例均于 1910 年前完成，奠定了哈尔滨整体的新艺术建筑基调，而且这些实例所展示的均是非常纯正的俄罗斯新艺术建筑风格，纯正的俄罗斯特色也最终成为哈尔滨这个城市的重要标签。

即使到了 1910 年以后甚至 20 世纪 20 年代，西欧新艺术建筑早已偃旗息鼓，但是在哈尔滨仍然有马迭尔宾馆、密尼阿久尔茶食店这样的比较纯正的新艺术作品诞生，不能不说是俄罗斯新艺术建筑在哈尔滨的强大影响力的例证（图 3.1.4）。

3.1.3 城市的开放性带来新艺术建筑的兼容和折中特色

除却前述的哈尔滨文化边缘区的特性决定了城市文化空间的开放性以外，哈尔滨开放的国际化商埠的姿态也对哈尔滨新艺术建筑的地域性发生着明显的影响。

哈尔滨自 1905 年起被辟为商埠，其后又有第一次世界大战的爆发以及俄国的内战，这些在客观上都促进了哈尔滨工商业和国际贸易的发展，促进了哈尔滨国际化都市的形成。这里曾经有三十几个国家或民族的二十多万侨民居住，外国领事馆也曾多达二十余个。在这种环境里，商品经济发达，建筑的市场效应明显，建筑创作的兼容性大大提高了。

哈尔滨新艺术建筑在这种环境里也表现出了高度的兼容性，尤其是其发展的中后期，从建筑类型上看这种风格几乎覆盖了所有建筑类型：行政办公、商业、金融、文教、医疗、居住等，甚至远远超过它的新艺术建筑来源母体俄罗斯。从创作手法上看，哈尔滨新艺术建筑通过与其他风格的建筑语汇相融合，进一步提高了其自身的兼容性，同时也形成了哈尔滨新艺术建筑的折中特色，既有与古典的文艺复兴、巴洛克建筑语言的融合，又有与新古典的柱式构图的融合，甚至传播到铁路附属地之外的傅家甸（现道外区）与中国民间的一些传统符号并用，建筑创作上自由度比较大，在空间上也实现了哈尔滨全市范围的覆盖。

图 3.1.3 原莫斯科商场

图 3.1.4 马迭尔宾馆

3.1.4 流行时间相对欧洲更长

新艺术建筑在西欧的流行时间大约在 1890—1910 年间，前后不过二十余年。在俄罗斯，新艺术建筑最流行的时间约在 1895—1905 年间，1905 年起新艺术在俄罗斯已经开始呈现颓势，1905—1914 年间新艺术风格在圣彼得堡已让位给俄罗斯新古典复兴风格。

新艺术如流星般璀璨而短暂的辉煌之所以会很快被取代，主要是由于西方（包括俄罗斯）在新艺术风行数年之后，建筑师开始对它的"为艺术而艺术"的原则进行反思，对真正的建筑功能与形式相统一原则的追求、对建筑民主化的追求使得新艺术迅速让位给一些更加实用的探索。

与此形成有趣对照的是，在哈尔滨，从第一座新艺术风格的建筑香坊公园餐厅建成算起（1898），到最后一座纯正的新艺术建筑密尼阿久尔茶食店建成（1927 年落成），前后持续竟达近三十年！如果再加上 1930 年代以来的一些大量采用新艺术装饰符号的建筑，则新艺术风格在哈尔滨持续的时间会更长！这样长时间的流行在新艺术的传播历程中是极为罕见的，使得哈尔滨成为新艺术传播中一个奇特的节点。这种独特现象的产生，有其特定的历史成因。

哈尔滨文化边缘区的特质，远离西方新艺术建筑核心区，受核心区文化更迭的影响比较弱，地理空间的距离也影响到文化传播的速度，客观上延迟了新艺术在哈尔滨的衰退。

1920 年代以后俄罗斯在哈尔滨独霸一方的地位虽大不如前，但是新艺术建筑在哈尔滨早已占据相当的地位，甚至有可能被认为是这个城市的文化符号，因而后来的很多新建筑或多或少都采用与新艺术折中的做法，使新艺术建筑语言不断延续；后期转变为符号化的流行，客观上也进一步延长了哈尔滨新艺术建筑的流行期限。

在哈尔滨的第一代俄罗斯建筑师是跟随铁路工程局来到哈尔滨的，他们大多又把余生留给了哈尔滨，他们对于建筑形式的把握或选择基本有赖于原来的知识体系，而不太容易如俄罗斯本土的建筑师那样随着新的建筑潮流而发生更新。俄国革命后随移民潮来到哈尔滨的第二代俄罗斯建筑师，相对来说有着更多的建筑文化选择和倾向，不过可以想象的是，与第一代建筑师一样，移民的身份、时时萦绕的漂泊和背井离乡的惆怅以及对故国挥之不去的思念，完全会使这些建筑师宁愿在哈尔滨看到与故国相似的一切，包括他们记忆中的建筑。在建筑上更深层次的探索很可能被这样的故国家园的思绪冲淡了激情，形式上的延续也许是最入情入理的选择。

与欧洲几乎一致的是，新艺术建筑在 20 世纪初的哈尔滨建筑中，是最具"现代"特征的，与同时期具有复古形式的建筑相比它是唯一具有新时代特色的。因此，以新艺术来指代 20 世纪初的"现代性"，在当时的哈尔滨是无可争议的。俄国人在建设哈尔滨之初就大量采用新艺术建筑形式，除却模仿俄罗斯帝都的初衷以外，也同时体现了他们标榜城市现代化的思路。在建筑中体现新艺术建筑的特征，也就意味着赋予建筑以时代感、现代感。在 1930 年代日本现代主义建筑大量进入哈尔滨之前，新艺术建筑也许是唯一可以选择的"现代"建筑形式。

3.2 影响哈尔滨新艺术建筑形态的因素

哈尔滨的新艺术建筑具有自己独特的一面，既有它的来源母体——俄罗斯新艺术的纯正性，又有一定程度的顺时顺势而动的变异性，形成自身的地域性的特征。形成这些特征的影响因素可以说是多方面的。

在政治因素上，俄罗斯把哈尔滨当作"黄色俄罗斯"附属国的定位、俄罗斯建立远东政治经济中心的梦想以及哈尔滨作为中东铁路枢纽的关键地位，决定了它对哈尔滨的城市建设的策略，也决定了它要通过哈尔滨的建筑来体现它在新世纪新时代的新形象。在具体手段上，直接移植和复制莫斯科和圣彼得堡的新艺术样本，使哈尔滨的新艺术建筑保持鲜明的俄罗斯特征是首当其冲的选择。因此，如前面已经论述的，哈尔滨的新艺术建筑从开始出现起就保持了高度纯正的俄罗斯新艺术建筑的形态特征，这和俄罗斯最初对于城市发展的定位有密切关系。

　　说到移植和复制，在哈尔滨的新艺术建筑中还有一种很有意思的现象值得深思。哈尔滨的第一批新艺术建筑、尤其是高级官员住宅中，出现了几个"孪生"、甚至"三生"的作品，比如位于联发街 64 号的原中东铁路管理局副局长阿法纳西耶夫住宅，与位于联发街 1 号的原中东铁路高级官员住宅，两者从外观上看几乎看不出任何区别；位于红军街 38 号的原中东铁路高级官员住宅、位于公司街 78 号的原中东铁路管理局副局长希尔科夫住宅与位于文昌街的原中东铁路高级官员住宅，三个住宅也几乎是完全一致的样式，只是在个别细节上略有不同。这些作品显而易见都出自同一方案（图 3.2.1～图 3.2.4），包括哈尔滨火车站，也被认为与 1894—1896 年间在莫斯科建造的库尔斯克火车站出于完全相同的方案[3]。这种"同卵多生"的新艺术建筑在哈尔滨的产生，不能不说是一个奇特的现象。

　　究其原因，不妨从以下几方面加以考虑。首先，哈尔滨作为一个俄罗斯人新建的城市，迫切需要在短时间内迅速达到一定规模，迫切需要确立俄罗斯帝国的统治地位，因而俄国人迫切需要把当时正在西欧和俄罗斯流行的最具现代感的新艺术建筑移植到哈尔滨，以显示其文化的先进性。在 1900 年前后中东铁路修筑时期，哈尔滨就集中出现了以中东铁路管理局及其系统内建筑为代表的大量新艺术建筑，仅靠随中东铁路工程局而来的工程技术人员（大部分是工程师、技师而不是建筑设计师），不太可能在短时间内完成如此大量且质量较高的新艺术建筑作品，那么，选用一个既有的方案而后直接移植（或者说复制）到哈尔滨，是完全有可能的。同时，考察当时哈尔滨的这些新艺术建筑的历史资料可以发现，其中大部分新艺术建筑的设计者无法查实，尤其是上述几个高级官员住宅。因此，当时哈尔滨这些比较纯正的新艺术建筑的方案是否来自莫斯科或圣彼得堡等新艺术作品比较丰富而且水平比较高的地

图 3.2.1　原中东铁路高级官员住宅，文昌街

图 3.2.2　原希尔科夫住宅

图 3.2.3　原阿法纳西耶夫住宅

图 3.2.4 原中东铁路高级官员住宅，联发街 1 号

区、甚至是否是直接的翻版，都是存在可能性的，比如哈尔滨早期这些纯正新艺术建筑，甚至比符拉迪沃斯托克的新艺术建筑还要纯正，只不过目前限于史料的不足而难以定论，还有待进一步研究。

其次，铁路建设的快速度、城市建设的快速度，需要一定的方法来保障，"标准化"就是最好的一种选择，不仅仅是施工建造的标准化，也包括了建筑设计的"标准化"。在中东铁路的建设过程中，沿途城镇的车站站舍、铁路职员的住宅等都普遍存在标准化设计的现象。像原中东铁路高级官员住宅这样的建筑，同一个级别的官员住宅选用同一个设计方案，客观上也形成了一种"标准化"的模式，对于建造和管理都很便利（图 3.2.5）。

最后，除了上述建设方面的影响因素以外，俄罗斯新艺术中的"地方新艺术"的模仿甚至复制的传统也是需要加以考虑的方面。俄罗斯所谓的地方新艺术建筑，是在莫斯科和圣彼得堡以外的地方省份中出现的。地方建筑师一般水平不及那些杰出的新艺术建筑师，有很多人经验也不丰富，但是，由于新艺术建筑的装饰化的特色，使他们很容易掌握新艺术建筑的装饰语言，对装饰语言的模仿和运用是地方建筑师最容易上手的途径。因此，在俄罗斯"地方新艺术"建筑的做法中，出现了大量模仿甚至复制莫斯科优秀新艺术建筑，尤其是外表的装饰形式的做法。这种"地方新艺术"的传统很可能影响到了哈尔滨。哈尔滨建城之初，很多工程技术人员来自俄罗斯的地方省份，他们大都是从与边境接壤的俄罗斯各个州和不同城市，如赤塔、布拉格维申斯克、哈巴罗夫斯克和符拉迪沃斯托克来到哈尔滨的。如哈尔滨的第一位城市建筑师列夫捷耶夫 1898 年来哈之前在乌苏里斯克铁路工程局工作并任城市建筑师，1901 年离开哈尔滨后去哈巴罗夫斯克和符拉迪沃斯托克担任城市建筑师；前述提到的另一位建筑师维萨恩 1911 年来哈尔滨之前曾在圣彼得堡和符拉迪沃斯托克工作。此外，曾经出任哈尔滨城市建筑师的奥斯科尔科夫、拉苏申、菲奥多罗夫斯基等在来哈之前分别在哈巴罗夫斯克、伊尔库茨克和符拉迪沃斯托克工作[3]。因而，俄罗斯这些边远地区的"地方新艺术"的模仿的传统影响到哈尔滨也是完全可以想见的。这恰好也可以解释为什么哈尔滨建城之初集中出现了那么多新艺术建筑，这固然与当时哈尔滨迫切的建设需求密切相关，但是与地方新艺术建筑的模仿传统关系更大。

图 3.2.5 原中东铁路高级官员住宅设计图

图 3.2.6 原中东铁路高级官员住
宅，中山路（已毁）

图 3.2.7 原南满铁道"日满商会"
入口上部的窗

图 3.2.8 原吉黑榷运局入口上部的窗

"地方新艺术"这种模仿的传统在哈尔滨的很多建筑细部也可以看到踪迹，很多装饰图案和纹样被大量模仿和复制，如门窗样式、楼梯栏杆等。原中东铁路管理局的楼梯栏杆纹样，在下夹树街 23 号的楼梯上得到了复制。曾作为哈尔滨游泳馆的原中东铁路高级官员住宅的主入口门的样式，也可以在位于果戈里大街的原南满铁道"日满商会"的入口上部窗、新马路的原吉黑榷运局入口上部的窗上找到相近或相同的版本（图 3.2.6～图 3.2.8）。

当然，不能因为俄罗斯"地方新艺术"的模仿的传统，就完全把它看成是消极的、毫无意义的做法。"地方新艺术"的传统当然也不仅仅表现在模仿和复制上，力图突破和创新也是地方建筑师的特点。对哈尔滨新艺术建筑来说，既有积极地创造、也有某种程度的局限性应该是比较客观的认识。建筑师自身的局限性对哈尔滨新艺术建筑的影响也是存在的。移民哈尔滨的第一代建筑师大多是工程师、技师出身，在俄罗斯本土基本都是默默无闻，也不可否认他们与俄罗斯本土的新艺术大师如舍赫德利、科库谢夫等存在很大差距。俄国十月革命和内战后移民哈尔滨的第二代建筑师中很多是来自俄罗斯的地方省份和地方院校的毕业生，他们也属于地方建筑师，经验有限但是富于勇气和创造精神，很多地方建筑师来到远东的哈尔滨，设计思想上的束缚大大减少，更加勇于进行新的创造，把新艺术的建筑语汇与其他风格的建筑语言相融合、力图摆脱原来的单纯地复制新艺术建筑而希望有所突破，哈尔滨新艺术建筑发展到中后期，大量的新艺术折中作品的出现也与这方面的因素不无关系。

3.3 哈尔滨新艺术建筑的演化

自新艺术建筑在哈尔滨登陆起到迅速达到它的黄金期，几乎是与俄罗斯和欧洲同步的，其后又比欧洲和俄罗斯延续了更长的时间，这在新艺术建筑的发展和传播中极其罕见。新艺术在哈尔滨的发展，自然也会受到来自社会政治经济等各方面因素的影响，有些影响甚至是至关重要的，比如 1904—1905 年的日俄战争，以及 1917 年的俄国十月革命和内战，对整个哈尔滨的城市发展的影响都是直接的，对新艺术建筑来说，1905 年和 1917 年也是最重要的两个时间节点，它们使得哈尔滨新艺术建筑的发展呈现出明显的阶段性特征。

3.3.1 初期

初期指的是 1898—1905 年，全面移植和复制俄罗斯新艺术的时期。

在此时期，俄罗斯人获得了中东铁路的修筑权和建设铁路附属地的特权，将新市街作为铁路系统的行政管理区，迅速建造了铁路管理局大楼、火车站、旅馆、商场、俱乐部、高级住宅、工业技术学校、商务学堂、医院、教堂等。此时它独霸哈尔滨的城市建设，所有建筑均为了体现俄罗斯的传统和时代风貌，因此非常纯正的俄罗斯新艺术建筑风格独领风骚，在城市中成为最重要、最大量的建筑形式。

　　前已述及，俄罗斯新艺术建筑既有西欧的纯正新艺术语言，又与民族浪漫主义相交织，因此在这一时期的哈尔滨相继建成了这样的俄罗斯新艺术建筑作品，以原中东铁路管理局大楼、莫斯科商场为代表，体现了俄罗斯新艺术中的"帝国新艺术"和"古典新艺术"；以原中东铁路局高级官员住宅为代表，体现的是俄罗斯新艺术中的"新俄罗斯风格"尤其是木构件装饰艺术；既有哈尔滨火车站那样的曲线形式华美的比利时－法国的特点，也有原中东铁路管理局宾馆与原中东铁路商务学堂这样的形式简洁的德国－奥地利特色，这一时期无疑是哈尔滨新艺术建筑的黄金期。这些作品无论是体现莫斯科新艺术更多，还是圣彼得堡新艺术更多，也无论是否是前两者的直接翻版，归根结底体现的都是俄罗斯新艺术建筑的特色。正是这一阶段的建设，奠定了新艺术建筑在哈尔滨的领军地位，奠定了城市现代时尚的基调。此外这一时期还有上游街的原哈尔滨商务俱乐部（1903 年建成）、公司街的原中东铁路技术学校（1904 始建）等建筑问世（图 3.3.1 ~ 图 3.3.3）。

　　直到 1904—1905 年，俄国和日本在中国东北的土地上打了一场日俄战争，最终以俄罗斯的失败而告终，俄罗斯在哈尔滨原有的独霸地位开始受到挑战。

3.3.2　转折期

　　转折期大约是 1905—1917 年，新艺术建筑开始出现折中化，与其他风格并行或交融。

　　日俄战争之后的 1905 年 12 月，《中日会议东三省事宜正约》及《附约》签订，俄罗斯丧失了对中东铁路南部支线的控制权，由日本取而代之。日本势力对中东铁路干线的渗透也逐渐增多。俄罗斯虽然在战争中遭受惨败，但是在哈尔滨的影响力基本没有受到实质的影响。然而，由于条约规定哈尔滨全境开为商埠，面向世界开放，使得日本、英国等更多国家的势力逐渐渗入哈尔滨，各国移民也纷至沓来，到 1917 年已经有俄、日、法、美、西、德、英等国在哈尔滨设立领事馆或总领事馆，各国势力开始在哈尔滨竞相角逐，这种局面加速了哈尔滨城市和建筑的发展。

　　由此带来了这些国家的建筑影响，哈尔滨建筑中原有的俄罗斯特色开始与其他建筑形式相融合，新艺术建筑开始出现折中化的迹象。这种折中，并非如 19 世纪末盛行于欧美的任意使用和组合各种历史建筑语言的折中主义建筑——当然这样的折中主义建筑在哈尔滨也不乏实例，但是此时哈尔滨新艺术建筑的折中更多地体现为西方古典建筑语言与新艺术这种"现代"建筑语言的组合应用。

图 3.3.1　木构阳台细部，红军街

图 3.3.2　原中东铁路商务学堂

图 3.3.3　原哈尔滨商务俱乐部

图 3.3.4　原中东铁路督办公署

图 3.3.5　原南满铁道"日满商会"

图 3.3.6　原契斯恰科夫茶庄

图 3.3.7　原日本朝鲜银行哈尔滨分行

而 1905—1914 年间在俄罗斯本土的圣彼得堡，新艺术建筑开始受到"新古典复兴"（Russian Neoclassical Revival）风格的挑战，古典建筑语言重新回到乡间别墅、上层人士的都市公寓住宅、学校等建筑上，新艺术与"新古典复兴"建筑开始并行，并且在一定层面上出现交融，或者可以称之为折中的现象。这种建筑思潮和建筑艺术上的变化，虽然不能完全肯定它对哈尔滨的建筑艺术发生了直接的影响，但是至少可以考虑这种可能因素的存在。毕竟，哈尔滨与俄罗斯之间的各种联络、人员的流动是持续的，如前述提到的建筑师日丹诺夫，他在哈尔滨工作期间，参加了阿塞拜疆一个城市的铁路管理局大楼的设计竞赛并获得第一名，此外还参加了哈巴罗夫斯克阿穆尔河沿岸总督官邸的设计竞赛。[3]

西大直街的原中东铁路督办公署（1910，图 3.3.4）、果戈里大街的原南满铁道"日满商会"（1907，图 3.3.5）、红军街的原契斯恰科夫茶庄（1912，图 3.3.6）、地段街的原日本朝鲜银行哈尔滨分行（1916，图 3.3.7）、兆麟街的原吉林铁路交涉局（1919）等都是这一时期建成的。典型的如原契斯恰科夫茶庄，是多种建筑风格集合于一体的折中建筑，在立面上可以见到文艺复兴和巴洛克时期常见的穹顶、中世纪哥特式的尖拱和尖券以及尖塔，还可以看到具有"新俄罗斯风格"的带有金属装饰的陡坡屋顶，还有新艺术建筑极富装饰性的昆虫等图案的铁质栏杆，它们共同塑造了一个如画的浪漫的建筑。

这一时期仍有很多新艺术建筑问世，如 1913 年的马迭尔宾馆，称得上是 20 世纪初哈尔滨最豪华、最时尚的宾馆，墙面以简洁的横向线脚为主，檐口及长长的女儿墙则以变幻、灵动的曲线形式成为整个建筑最引人注目的地方，颇有"古典新艺术"特色，此外如原秋林公司道里商店，也是与马迭尔宾馆相类似的古典新艺术样式（图 3.3.8、图 3.3.9）。

3.3.3　交融期

交融期约在 20 世纪二三十年代，新艺术建筑全面走向折中化。

1917 年俄罗斯发生十月革命，沙皇政府被推翻，这是个重要的时间节点。革命后大约五万余俄国难民涌入哈尔滨，其中包括很多知识分子和艺术家。许多建筑工程师在俄国内战之前，曾在符拉迪沃斯托克、乌苏里斯克、哈巴罗夫斯克、布拉格维申斯克和赤塔等城市工作过，他们对哈尔滨 20 世纪二三十年代的建筑起到重要作用。

此后，中国政府进行了多次收回哈尔滨主权的努力。1920 年，中国政府收回了中东铁路的主权，成立了东省特别区，哈尔滨为东省特别区第一区，但是俄国人在英法日等国的支持下继续把持市政管理权。1926 年东省特别

图 3.3.8 马迭尔宾馆

图 3.3.9 原秋林公司道里商店

区成立了哈尔滨特别市，解散了俄国人控制的市公议会董事会，中国终于获得了城市的管辖权，只不过是由当时的军阀控制哈尔滨。这一时期哈尔滨的人口迅速扩展，外国资本在哈尔滨的投入明显增加，除俄国人投资有所减少外，日、英、美、法、德、意等国的投资都持续增加，这也带动了外国移民数量的继续增长。1918—1931 年间，又有丹麦、葡萄牙、荷兰、意大利、比利时等 11 个国家在哈尔滨设立领事馆，促使哈尔滨商业、居住等建筑的建设又迎来新的高潮。

这一时期，新艺术建筑全面走向折中化，新艺术建筑语言与当时带有其他古典语言的各种建筑相融合，折中化的新艺术建筑在这个时期占了上风，超过了原有的纯正新艺术建筑，主要有田地街原丹麦领事馆（1920）、松花江街的原意大利领事馆（1924）、新马路的原吉黑榷运局（1924）、西五道街的原俄侨事务局（1925，已毁）、民益街原中东铁路警察管理局（1925）、复华二道街原哈尔滨工业大学学生宿舍（1925）、中医街原扶轮育才讲习所（1926）、田地街原哈尔滨总商会（1927）、原圣尼古拉教堂广场住宅（1929 年后，已毁）、中央大街原阿基谢耶夫洋行（1930）等。也可以说，这个时期建造的大部分建筑都是这种折中新艺术建筑，其在数量上也相当可观（图 3.3.10 ~ 图 3.3.12）。

在形式上，折中新艺术建筑中也常出现柱式、山花、穹顶等古典的元素，而新艺术的语言则主要出现在这种折中化建筑的一些重要部位，如主入口及其上部的窗、阳台及女儿墙，给建筑的古典气质中增添了明显的现代气息。最常见的新艺术语言包括各种弧线线脚、曲线形式的门窗洞口、圆角方额窗、圆形或弧形子母窗或三联窗、修长的简化托檐石等。

比如原陀思妥耶夫斯基中学，通过女儿墙夸张的弧形轮廓线形成主要装饰和新艺术的特色；田地街的原丹麦领事馆以弧形窗洞口及其贴脸线脚、弧形女儿墙和铁质栏杆等来展现新艺术建筑语言（图 3.3.13、图 3.3.14）。

有的体量较小的建筑，只在入口处做突出的弧线线脚装饰，使整个建筑立即呈现出现代的时尚的特色，如原道里邮政局、原意大利领事馆（图 3.3.15、图 3.3.16）。

图 3.3.10 原扶伦育才讲习所

图 3.3.11 原圣尼古拉教堂广场住宅（已毁）

图 3.3.12 原阿基谢耶夫洋行

图 3.3.13　原陀思妥耶夫斯基中学（已毁）

图 3.3.14　原丹麦领事馆

圆形或弧形子母窗出现得也很多，如原哈尔滨工业大学学生宿舍主入口上部的弧形三联窗、原俄侨事务局的圆形子母窗等（图 3.3.17、图 3.3.18）。

主入口前面的雨篷也是新艺术建筑语言经常出现的部位，如原中东铁路管理局宾馆的大雨篷，其侧面的铁质图案以多种新艺术的风格化曲线为主题（图 3.3.19）。

阳台的铁质栏杆既是维护构件，同时也是最适于表现新艺术特色的装饰构件，在大量的折中新艺术建筑中，阳台都是主要表现的细部。铁质栏杆既有自然形态的植物形象，也有抽象形式的母题，形态生动富于表现力。当阳台以砖砌抹灰形式出现时，也常把抹灰线脚做出新艺术的曲线样式（图 3.3.20、图 3.3.21）。

女儿墙也经常以铁质构件结合砖砌抹灰墙垛构成，铁质构件以新艺术的抽象装饰母题为主，如田地街原哈尔滨总商会，建筑整体以整齐的矩形门窗和朴素得几乎无装饰的墙面为主，但是，女儿墙墙垛之间的两组铁质栏杆以模仿植物的新艺术曲线图案形成了整个立面上最突出的装饰，配合女儿墙正中央的巴洛克式曲线装饰，使平静的建筑立面瞬间充满了活力（图 3.3.22）。

檐下的托檐石，本是古典建筑语言中的一种，但是新艺术建筑中常常把它高度简化处理，其弯曲的曲线从檐下一直延续到墙面直至最终融入墙面而消失，是维也纳分离派常用的手法之一，在这一时期的很多建筑上都可以看到它的踪迹（图 3.3.23）。

图 3.3.15　原道里邮政局（已毁）

图 3.3.16　原意大利领事馆

图 3.3.17　原哈尔滨工业大学学生宿舍

图 3.3.18　原俄侨事务局（已毁）

图 3.3.19　原中东铁路管理局宾馆雨篷

图 3.3.20　原丹麦领事馆阳台栏杆

图 3.3.21　原密尼阿久尔茶食店

图 3.3.22　原哈尔滨总商会

图 3.3.23　原密尼阿久尔茶食店

　　新艺术建筑语言用于室内的楼梯和栏杆也是非常普遍的现象，也许有构件批量加工生产便利的原因，在哈尔滨也许外观上很不起眼的一座建筑，内部楼梯也会采用新艺术的形式。

　　这一时期大量出现的折中化新艺术建筑既是新的社会、政治、文化等因素作用的结果，同时也有理由理解为一些设计师不满足于原来的单一的建筑形式，不满足于仅仅是复制或者移植，而开始进行多方面的尝试和突破。这一时期的哈尔滨也正是商品经济十分发达、经济贸易活动十分频繁的时期，商家对建筑同样有和商品一样的需求，求新、求异甚至求奇都有可能成为市场对建筑的新要求。新艺术建筑一方面通过折中的方式继续在哈尔滨展示它的生命力，另一方面，也由于其早已在国际建筑舞台上淡出而开始显露出衰颓的趋势。

　　不过在哈尔滨还有令人吃惊的例外，在 20 年代后期竟然有密尼阿久尔茶食店这样比较纯正的新艺术建筑作品问世。这栋砖木结构的建筑可以说把新艺术语言发挥得淋漓尽致，每个细部都使用新艺术的语言，女儿墙、托檐石、栏杆、阳台、门窗洞口，墙面上还有圆环形装饰符号。虽然大量应用曲线形式，但是所有曲线简洁、流畅、适可而止，完全不夸张更不过分，形态优美而极具个性，堪称新艺术建筑在哈尔滨的绝响（图 3.3.24）。

3.3.4　衰退期

　　1930 年代开始，新艺术建筑渐近尾声，大多以符号化形式出现。

　　1932 年起日本控制了整个哈尔滨，俄罗斯在哈尔滨的影响力日趋衰颓。哈尔滨的建筑在原来的多种折中形式之外，又出现了装饰艺术（Art-Deco）建筑、日本现代主义建筑等，建筑文化更加多元。而此时的新艺术建筑退化为特定的符号，以隐含、暗示等方式出现在一些建筑的立面上，因此将哈尔滨新艺术建筑的尾声阶段称为符号化阶段。

　　这种符号，是特有的双重圆环加三条直线的标志，圆环一般是一大一小两个，呈同心圆环或者内切圆环布局，三条直线平行排列但中间长、两边短，多数是竖直线与圆环相接，有时也呈水平直线连接圆环。直线一端连接圆环，另一端一般以圆点结束。这一符号或者以抹灰的方式在墙面上塑出，或者以阴刻的线脚加以表现。这种符号是何种来源、有什么样的含义，目前尚不能完全解释清楚，有待更多的资料和研究。该符号在莫斯科的一些新艺术建筑中曾少量出现过，在西欧新艺术建筑中极少见到；在哈尔滨则最早出现在哈尔滨火车站中，在中东铁路管理局入口局部以及原莫斯科商场中少量出现，之后不知何种原因被竞相模仿，以至于成为新艺术建筑的主题"符号"，成为哈尔滨新艺术建筑所特有的一种代码，在折中化时期以后大量应用在建筑上。

　　这种符号在哈尔滨的建筑中非常流行，虽然目前还不能准确确定它的来源和含义，但是不容置疑的是它始终出现在哈尔滨的新艺术建筑中，在 1930 年代以后，新艺术建筑渐渐偃旗息鼓，日本的现代主义建筑开始在哈尔滨登场，但是，很多建筑上依然保留这一新艺术的装饰符号。也许，这种符号的某种象征意义才是决定它生命力的主要因素。

例如，经纬街 73—79 号住宅建筑的墙身采用了大量这种装饰符号。原道里尚志小学立面及女儿墙垛全部是这一符号构成的线脚，整齐的垂直线纵贯整个墙面（图3.3.25、图3.3.26）。这种符号甚至传播到附属地外的傅家甸，被大量用于立面装饰之中。

从初期的移植和复制，到发生转折，走向折中化，最后以符号化隐退，这几个阶段完整地展现了新艺术建筑从西方经过跨文化传播来到东方、在哈尔滨落地生根并从高潮走到结束的演化过程。每个阶段都有不同的新艺术建筑作品问世，最终汇成具有地域特色的哈尔滨新艺术建筑。从上述哈尔滨新艺术建筑的阶段性特征中，我们不难发现不同的影响因素在新艺术建筑传播过程中所起到的不同作用。

3.4　哈尔滨新艺术建筑与欧洲新艺术建筑比较

哈尔滨新艺术建筑传承了俄罗斯的新艺术建筑，尤其是最初的移植和复制的过程，使哈尔滨新艺术建筑继承了很多纯正的俄罗斯新艺术建筑的语言，比如新俄罗斯风格的尖顶、帐篷顶，西欧风格化的曲线形式、分离派的规则几何图形等。因此，哈尔滨新艺术建筑从传播之初就具有很鲜明的俄罗斯特色。

在这些新艺术的形式语言当中，来自西欧和俄罗斯的具象的、抽象的、象征的主题都不同程度地存在，其中，抽象主题的形式语言占主导地位，大量的曲线形式，包括墙面上的曲线线脚、女儿墙形式、铁质构件的栏杆、门窗形式等，都采用抽象形式的曲线。少量具象的自然主题的形式，主要表现在一些阳台栏杆的动植物形象，如原契斯恰科夫茶庄女儿墙上的昆虫形铁质装饰等。此外还有象征性主题的装饰，比如原中东铁路技术学校墙面上的女性头像装饰，也许是哈尔滨仅存的这类象征主题的装饰形式，与莫斯科新艺术建筑师威廉·沃克特的常见做法如出一辙（图3.4.1）。

维也纳分离派的抽象几何图形在哈尔滨的新艺术建筑中也非常多见。如西大直街上的原中东铁路商务学堂立面的檐下部分，以几乎满铺的正方形小格子图形作为主要装饰，取代了俄罗斯新艺术和西欧新艺术建筑中常见的檐下以彩色瓷砖装饰画或者彩绘图案做装饰的做法，窗口上部则由三个一组的小圆形图案装点。中东铁路管理局大楼的室内木装修，也有分离派常见的三个或四个小方形一组的装饰手法。位于民益街上的原中东铁路警察管理局，简洁

图 3.3.24　原密尼阿久尔茶食店　　　　图 3.3.25　经纬街 73—79 号住宅　　　　图 3.3.26　原尚志小学（已毁）

图 3.4.1 原中东铁路技术学校

的墙面主要以直线形成线脚，二层立面上串起所有窗口的深色水平装饰带，以"窄－宽－窄"为节奏，檐下托檐石的凹曲线与墙面平滑连接直至消失，也都属于分离派常用的手法。尽管立面上可以看到古典的柱式以及弧形山花和三角形山花，但是分离派的形式语言也十分明显（图 3.4.2）。位于西大直街的原中东铁路督办公署，也同样采用了凹曲线平滑顺接到墙面的简化托檐石。

建筑立面上，以竖向构件（多数是窗间墙体）直接通天、突破水平檐口线、形成跳跃的轮廓线的做法（有少数采用曲线女儿墙直接通天的处理），在哈尔滨新艺术风格的公共建筑中十分普遍，尤其竖向构件有节奏的突破，形成立面上醒目的节奏感。原来的檐口线或成为间断的小的挑檐，或者干脆消失。当然，平面和立面中的不对称手法也是新艺术的普遍原则。从早期的哈尔滨火车站、原中东铁路管理局大楼、莫斯科商场、原中东铁路管理局宾馆、原中东铁路商务学堂，到后期的密尼阿久尔茶食店，都采用了这种立面构图形式（图 3.4.3）。突破檐口线的构图形式在俄罗斯新艺术建筑以及西欧的新艺术建筑中也有出现，不过像哈尔滨这样节奏比较整齐的样式尚未找到确切的原型，因此暂时不能确定是否为哈尔滨新艺术建筑所独有。不过，这种做法很明显是对新古典主义形式的突破，无疑是新艺术建筑打破传统的表现之一。

哈尔滨新艺术建筑中虽然也大量地应用曲线，但是没有西欧新艺术建筑包括一些俄罗斯新艺术建筑中过度矫饰的曲线装饰（图 3.4.4），没有大量出现在室内外墙面上那样极端复杂盘曲缠绕的曲线装饰。整体曲线装饰造型简洁、流畅而有节制，并不给人以眼花缭乱之感。

哈尔滨新艺术建筑的墙面也比较有自己的特色，朴素、不奢华。哈尔滨新艺术建筑多为砖木结构，墙体多为砖墙抹灰，墙面上较少西欧或莫斯科新艺术中常见的过度的灰塑曲线装饰，大多数都表现为比较简洁、朴素，仅通过

图 3.4.2　原中东铁路警察管理局

图 3.4.3　原中东铁路管理局

直线、曲线或者二者混合的线脚形成墙面的主要装饰，而这些线脚或者出于类似薄壁柱的墙面构图元素，或者出自门窗洞口上的线脚的延伸，又或者出于模仿砖石砌体的砌缝或者发券的券缝，总体上看都不属于附加装饰，线条也大都比较舒展流畅。比如马迭尔宾馆和原秋林公司道里商店，墙面全部以直线和曲线组合线条为装饰；再如位于红军街的原中东铁路管理局宾馆，墙面以竖向线条为主，整体布局朴素、简洁、大方，局部的线脚和女儿墙栏杆具有一些新艺术装饰的痕迹，总体上呈现的是维也纳分离派的特征。后期加上的出挑很远的大雨篷，在细部图案装饰上进一步强化了新艺术的特征。

简洁的墙面处理也带来了建筑色彩上与俄罗斯或西欧新艺术建筑的不同。哈尔滨新艺术建筑的墙面色彩大多是满铺的比较温暖素淡的暖色调，而不是多种复杂的色彩。由于墙面几乎都是抹灰，没有俄罗斯或奥地利的一些新艺术建筑那样以彩色陶瓷砖饰面，更没有彩色陶瓷砖构成的装饰图案或装饰画——这在俄罗斯新艺术建筑上很多见，因而没有莫斯科新艺术，尤其是新俄罗斯风格建筑那样鲜艳的色彩和强烈的绘画感。哈尔滨新艺术建筑中也较少出现西欧和俄罗斯那种带各种植物图案或抽象几何图形的彩色玻璃窗（图 3.4.5），不知是否与哈尔滨本地彩色玻璃的生产有关，因而，建筑无论室内外都少了很多色彩感。

哈尔滨新艺术建筑以木材和铁质材料做装饰构件，尤以木材装饰构件最具特色，这种做法来自于俄罗斯"地方新艺术"对于木构件的大量应用，与西欧新艺术建筑只选用铁件做装饰构件不同。在俄罗斯，除"地方新艺术"之外，还有所谓"木构新艺术"，但是多半指的是建筑从整体到局部都采用木结构和木装饰，这种做法在哈尔滨新艺术建筑中并没有出现，木材在哈尔滨新艺术建筑中大多以装饰构件的形式出现在立面的重点部位。在原中东铁路几栋高级官员住宅中，最为引人注目的就是木制阳台栏杆及檐下的木构件装饰，木材良好的易加工性能使它完全胜任了与铁构件一样的曲线装饰功能，被处理成流畅自如的多种复杂曲线，与直线条搭配，形成独具特色的阳台，此外，主入口的小门廊也是利用木构件，具有极强的装饰性，这形成了哈尔滨新艺术建筑中独特的一种处理（图 3.4.6）。

强烈的符号化特征也是哈尔滨新艺术建筑所特有的，以抽象的几何造型的符号来代表新艺术建筑，在西欧和俄罗斯都没有达到哈尔滨这样的程度。

图 3.4.4 住宅立面，莫斯科某公寓，约 1990　　　图 3.4.5 彩色玻璃窗，圣彼得堡某公寓，1902—1903　　　图 3.4.6 原中东铁路高级官员住宅的木门廊，红军街

新艺术作为欧洲（包括俄罗斯在内）的一种向现代化探索进程中的风格，体现为一种比较全面的全方位的艺术探索，不仅在建筑上，也在其他艺术形式上得到体现，比如人们生活环境中的各种实用艺术如家具、饰品等，还有绘画雕刻领域。在哈尔滨，这种风格则主要表现在建筑上，而且室外比室内表现得更多。

3.5　哈尔滨"新艺术之城"的形成

在 20 世纪上半叶的哈尔滨近代建筑中，新艺术建筑或者说带有新艺术特色的建筑无论在数量上还是覆盖面上都可称是首屈一指，保存到如今的新艺术建筑与带有新艺术特色的建筑也不下 50 余栋。新艺术建筑风格在哈尔滨能够独领风骚、超越其他风格而成为哈尔滨的主导建筑风格，其自身的现代指向、对建筑本身结构和功能的多种适应性也起到关键作用。

新艺术自身代表了那一时期最具现代感和时尚特质的建筑潮流，在 20 世纪 30 年代以前的哈尔滨尚不能找到其他能够与之相抗衡的具有现代性的建筑时尚，因而它的一枝独秀既有自身的特质的因素，也有哈尔滨彼时的建筑环境的因素。其本身还与建筑的结构和功能不发生直接的关联，不受建筑功能和类型的限制，它独特的装饰形式是很容易被模仿和掌握的，虽然模仿者并不一定理解它的形式本身。

新艺术建筑从哈尔滨建城伊始就占据了主流地位，在中东铁路的行政管理中心地带的南岗区大量兴建，成为数量最多、覆盖类型最广的建筑形式，几乎所有的建筑类型都有涉及，此外在规划为商贸区的道里区很多大型商业建筑如宾馆、商场等也都采用这种当时的时尚风格的建筑。后期随着折中化，新艺术更加广泛地应用在铁路附属地内的各种建筑上。

新艺术的现代感、时尚感以及广泛的适应性，使得即使是在铁路附属地以外中国人聚居的傅家甸，新艺术建筑也成为人们争相模仿的对象，很多建筑或直接模仿铁路附属地内的新艺术建筑范本，如南三道街某商住楼，直接模仿了马迭尔宾馆的样式；或在女儿墙、阳台栏杆等处模仿新艺术的典型形式，如北三道街 8-14 号原王丹实宅内部的楼梯栏杆；或者在墙面做出新艺术的代表符号，这在道外也形成了相当可观的规模。新艺术建筑语言在哈尔滨实现了全方位的覆盖和流行，可以说除了俄罗斯东正教堂以外，哈尔滨最大量、最有影响的建筑就是新艺术建筑。在这个意义上，可以毫不夸张地说，在 20 世纪上半叶中国城市里，哈尔滨是绝无仅有的，不折不扣的"新艺术之城"（图 3.5.1～图 3.5.6）。

图 3.5.1　南三道街某商住楼　　　　图 3.5.2　靖宇街 325 号商住楼　　　　图 3.5.3　靖宇街 383 号原泰来仁鞋帽店

图 3.5.4　靖宇街 245 号商住楼女儿墙

图 3.5.5　靖宇街 37 号原胡家大院女儿墙

图 3.5.6　原王丹实宅内楼梯栏杆

　　哈尔滨新艺术建筑的数量和质量在远东地区也是首屈一指的，新艺术建筑成为哈尔滨在新世纪的时尚形象，确定了哈尔滨走在时尚前沿的地位，对俄罗斯远东地区的其他城市也发生了一定的影响。例如符拉迪沃斯托克（海参崴），中东铁路工程局原本设在符拉迪沃斯托克，但在铁路开工后迁至哈尔滨，由此确立了哈尔滨中东铁路建设枢纽的地位，而这一地位的确定也使得哈尔滨在远东地区的地位得以提升，在 20 世纪初哈尔滨与符拉迪沃斯托克之间的联络尤其是建筑师工程师等工程技术人员的流动始终持续着。哈尔滨和符拉迪沃斯托克之间形成了某种程度的互动，并有可能产生双向的影响，当时符拉迪沃斯托克在人口和规模上还不及哈尔滨，因而哈尔滨对符拉迪沃斯托克有可能产生更强的辐射力，包括它的新艺术建筑（图 3.5.7、图 3.5.8）。事实上，哈尔滨比符拉迪沃斯托克拥有更多更纯正的俄罗斯新艺术建筑。

　　19、20 世纪之交，历史的车轮将哈尔滨带入了现代城市的行列，而从踏上这条现代之路开始，哈尔滨就凭借新艺术建筑实现了与世界性建筑文化的同步；而后，新艺术建筑又成为整个城市分布最广、影响力最大的一种建筑艺术形式，从而确立了 20 世纪上半叶哈尔滨的建筑在整个中国独一无二的地位。新艺术建筑为哈尔滨的建筑乃至整个城市奠定了基调，那就是时尚、创新。

　　哈尔滨新艺术建筑毫无疑问体现了 20 世纪初世界性的建筑文化思潮，是跨文化传播的典型例证。客观地看，哈尔滨新艺术建筑既有精彩纷呈的作品，也不乏平庸流俗之作，既有积极进取的创造，也有简单粗糙的模仿，但无论怎样的过程，它最终体现的是哈尔滨鲜明多样的地域建筑色彩。新艺术建筑文化无可争议地书写了这个城市的建筑传奇。

图 3.5.7　符拉迪沃斯托克的建筑

图 3.5.8　符拉迪沃斯托克的建筑

哈尔滨新艺术建筑细部特征

Features of Details of Art Nouveau Architecture in Harbin

哈尔滨新艺术建筑在其产生和发展的进程中，逐步形成了具有自己地域性特征的新艺术建筑语言符号，并较多地表现在建筑的室内外细部装饰上。建筑的室内外门窗、女儿墙、檐口、阳台、墙面，以及建筑的室内楼梯栏杆、天棚装饰线脚等，都成为新艺术建筑风格特征表达的重要载体。其中有一些新艺术建筑装饰符号已成为哈尔滨新艺术建筑自身特有的标志性语言。虽然这些新艺术语言与欧洲的新艺术建筑语言相比，远没有那么华丽和炫耀，但是作为一种具有鲜明地域性特色的新艺术建筑语言，仍具有其独特的艺术价值。只有通过这些建筑细部的新艺术装饰语言，才能更为深入地把握哈尔滨新艺术建筑的艺术精髓。

4.1 形态各异的门与门廊

4.1.1 形态构成

门与门廊是建筑入口的重要组成部分，深刻地反映了建筑的气质与内涵。哈尔滨新艺术建筑的门与门廊具有独特的造型和丰富的形态，并与窗体、墙面有机地结合在一起，塑造出哈尔滨新艺术建筑的风格。

1. 构成要素

哈尔滨新艺术建筑门与门廊部分，主要包括具有新艺术特色的建筑入口上方雨篷与入口前台阶、建筑物室内外门扇，以及作为建筑主入口前独特空间处理方式的门廊。正是这些要素的多变组合，丰富了哈尔滨新艺术建筑的个性化特征。

（1）雨篷

哈尔滨新艺术建筑的雨篷在设计上精巧而又别致，具有强调入口空间的作用，主要分为以下两类：

悬挑式雨篷。这种雨篷由于覆盖面积较小，利用雨篷下部靠墙面的支撑件作为受力点将雨篷悬挑出入口上方。雨篷的这一支撑构件多采用金属材料，以新艺术独有的曲线形式构成，既满足受力的需要，又满足审美的需要，体现出富有张力的美感，成为哈尔滨新艺术建筑的重要表现特征之一。雨篷的造型可为规则和不规则的弧线型，亦可为沿墙体向外的单坡型或双坡型。雨篷的材料常采用透光的彩色玻璃，也有些是在木板上边铺设铁皮。

原连铎夫斯基私邸（吉林街 130 号）主入口处的雨篷金属构件体现了直线风格的新艺术符号特征。直线的弯转与连接，配以弧状的曲线造型体现了一种力度美（图 4.1.1a）；原哈尔滨火车站主入口的雨篷也采用这种处理手法。原哈尔滨犹太总会堂（通江街 82 号）主入口雨篷由于悬挑部分较大，因此支撑构件采用了实心铁件，显得厚重踏实。雨篷的支撑构件由一条优美的曲线与竖向的三根直线条构成，曲中有直，实中带虚。为保证雨篷的安全，还在上方设置了金属悬链索。悬链索的弧线与下边金属支撑构件的曲线互为呼应，极具艺术表现力。雨篷的顶面形体处理为坡屋面,并以金属构件划分为多个矩形小块,由斑斓的彩色玻璃拼接而成,呈现浪漫主义的情调(图 4.1.1b)。公司街 121 号建筑入口雨篷与邮政街 305 号住宅入口雨篷为单坡雨篷、原契斯恰科夫茶庄雨篷则为双坡雨篷(图 4.1.1c ~ 图 4.1.1e)。这些雨篷造型轻盈简洁,亦是哈尔滨新艺术建筑现存悬挑式雨篷的典型样式。

支撑式雨篷。由于雨篷的出挑面积大,利用沿墙面的支撑构件已不能满足雨篷的受力需求,便在雨篷的伸出部分下方设置柱子来支撑,将主要结构完全外露,顶面多采用双坡的形式便于雨水从两侧滑落。这种雨篷也更好地起到了烘托和强调入口的作用。

现存哈尔滨新艺术建筑实例中此类雨篷并不多见,其中以原中东铁路管理局宾馆(红军街 85 号)入口雨篷最为典型。雨篷立面以精美的自由曲线图案做装饰,钢结构框架与支撑柱结合雨篷顶部的彩色玻璃,并与主入口的大门共同塑造出一个典型的新艺术风格的出入口空间(图 4.1.2)。

(2)门廊

门廊作为缓冲入口的空间,在建筑的入口中具有重要的作用,哈尔滨新艺术建筑的门廊主要分为以下两类:

开敞式门廊。门廊作为入口前的廊道,连通进入主入口的台阶使雨雪不会直接落在台阶上,起到了一定的安全保护作用。这类门廊主要采用木质材料,在装饰上多采用仿植物形态的曲线样式。

原中东铁路高级官员住宅(联发街 64 号),是哈尔滨新艺术建筑中木质门廊的代表作,由于建筑呈非对称形式,入口处依托于建筑外墙形成半开敞式的门廊。门廊一侧的柱子似植物生长一般与门廊顶部的屋面有机地结合在一起,呈现出小巧活泼的感觉,有效地烘托了入口空间,同时也使建筑显得动感十足(图 4.1.3a)。原中东铁路高级官员住宅(红军街 38 号)的木质门廊也颇具特色,门廊顶部以条形木板形成弧面,门廊立柱的柱头顶端以独特的装饰构件加以链接,门廊的侧面用密集的木条搭成似露非露的隔断墙,再加上翠绿的色彩,充满了独特的俄罗斯新艺术建筑风情(图 4.1.3b)。

a 原连铎夫斯基私邸

b 原哈尔滨犹太总会堂

c 公司街 121 号建筑

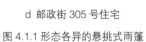

d 邮政街 305 号住宅

e 原契斯恰科夫茶庄

图 4.1.1 形态各异的悬挑式雨篷

a 支撑式雨篷

b 彩色玻璃镶嵌

图 4.1.2 原中东铁路管理局宾馆主入口雨篷

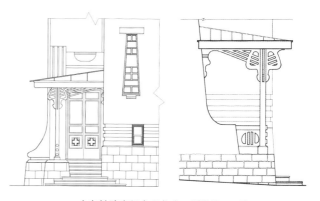

a 中东铁路高级官员住宅，联发街 64 号

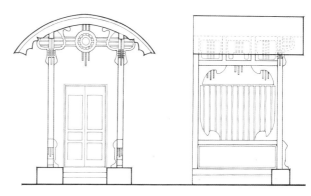

b 中东铁路高级官员住宅，红军街 38 号

封闭式门廊。哈尔滨的冬天气候寒冷，作为入口的过渡空间，密闭的门廊有助于将寒冷空气隔绝在门廊中，避免室内外空气直接发生对流，有助于室内的保暖。原中东铁路管理局大楼的门廊为典型的封闭式门廊。该建筑门廊含蓄而低调，形体略显上窄下宽，入口两侧的柱子突出门廊主体，加上建筑的石质贴面，使门廊看起来既庄重又亲切，具有较强的视觉形式感。门廊的两侧有窗，使门廊内部光线充足（图 4.1.3c）。

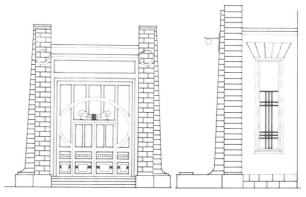

c 原中东铁路管理局

图 4.1.3 哈尔滨新艺术建筑入口处门廊

（3）门扇

门扇主要由门楣与门板组成，一部分门扇设有门楣，光线可以通过门楣照进室内，增加室内的照度；还有一部分门扇由于门板上有镶嵌玻璃，不再设门楣。一些建筑内部空间比较高大，多采用兼具门楣和门板上有镶嵌玻璃的门扇。

门楣的形式主要为规则的几何形式，如半圆形、矩形以及梯形。门楣上可以整面镶嵌玻璃，也可以分割成若干部分再镶嵌玻璃。后者常将其做成优美的几何形，或做成浪漫的曲线形，以表现新艺术建筑的特点。

原中东铁路技术学校的门楣呈矩形，中间用直线与曲线均匀地将门楣分成若干部分。果戈里大街401号建筑大门上的门楣则使用非规则的曲线围合而成，中间用竖向棂条将门楣分成大小不等的三段。原中东铁路商务学堂的门楣上采用分离派式的规则矩形排列而成。一曼街253号建筑的门楣上则采用直线和曲线结合的塑造手法，这种双重处理方式使室内呈现出奇妙的光影效果。

门板材料主要为木材，有封闭式门板（即门上不开窗）和半通透式门板（部分开窗）两种。按现存门的形态来看，大部分为单扇门或者双扇门，以及单扇加半扇的不对称型门。门板上一般具有木质的棂条，这些棂条呈规则几何图形或其变体，同时也不乏形式迥异的新奇造型。

原中东铁路技术学校双扇门板上的棂条采用圆形与矩形组合的方式构成，整个门扇以圆形为视觉中心，并辅以直线形棂条编织的图案（图4.1.4a）。一曼街253号建筑的南立面入口处门扇由梯形门楣和矩形的门板组成。梯形门楣中央的棂条为两个同心半圆的形态，合并在一起的四扇矩形门板上的棂条构成了三个同心圆的形态（图4.1.4b）。原中东铁路管理局大楼主入口的大门在稳重大方的整体构图中心处，采用了当时非常摩登的新艺术门窗的椭圆形与矩形组合的处理手法。椭圆置于矩形门板的中部，这样的处理使装饰曲线与门扇的功能尺度很好地结合起来，避免了构图的生硬和门扇尺度的丧失（图4.1.4c）。这几种门扇的处理都是以形成几何中心为特征，在表现端庄气质的同时，通过细节的处理来丰富其新艺术建筑的造型语汇。

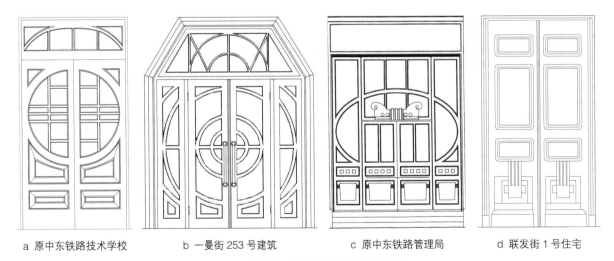

a 原中东铁路技术学校　　　b 一曼街253号建筑　　　c 原中东铁路管理局　　　d 联发街1号住宅

图4.1.4　规则几何图形构成的门扇

原中东铁路管理局宾馆主入口的门扇形态则与上述规则的几何图形组合形态不同,采用异形的棂条创造了奇特的效果。门板上的玻璃被曲直相间的棂条分割成两对大小不等的近似三角形,这种新奇的构图方式,与弯曲的门扇拉手组合在一起把新艺术建筑的特征表现的格外充分(图4.1.5a)。原中东铁路商务学堂的门扇与原中东铁路管理局宾馆门扇的处理方式有着异曲同工之处,上下两段相互呼应的自由曲线与纵横直线的棂条将门扇划分成若干小块(图4.1.5b),从而使门扇的形态更富有艺术张力。风格类似的还有满洲里街43号住宅门扇、红霞街78号住宅门扇、吉林街130号住宅门扇与原秋林公司道里商店门扇(图4.1.5c～图4.1.5f)等。无论门扇的分割处理形式如何,当以双扇门出现时,基本上仍是以两扇门组合成一个对称的构图。当建筑较小而只有单扇门时,这种处理方式同样被使用,完全不对称的曲线使其表现力更为突出。

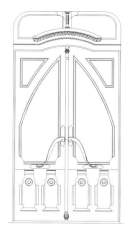  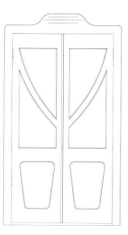 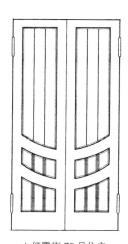

　　a 原中东铁路管理局宾馆　　　b 原中东铁路商务学堂　　　c 满洲里街 43 号住宅　　　d 红霞街 78 号住宅

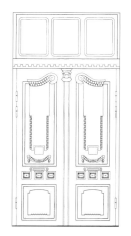 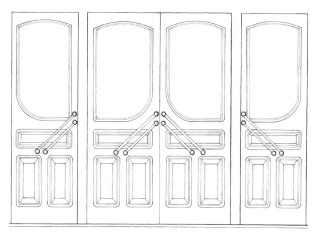

　　　　e 吉林街 130 号住宅　　　　　　　　f 原秋林公司道里商店

图 4.1.5　不规则几何图形构成的门扇

a 原中东铁路技术学校

b 邮政街 271 号住宅

c 原中东铁路管理局宾馆次入口

d 原中东铁路管理局大楼次入口

图 4.1.6 哈尔滨新艺术建筑入口台阶

（4）台阶

台阶是入口空间的重要组成部分，是室内外高差过渡的衔接体。哈尔滨新艺术建筑的入口台阶有着自己独特的形态和造型语言。简单不带栏板的台阶一般在转角处做成圆角的形式。如端部设置栏板，则一般多为混凝土或者石材，或以曲线形式存在，或以平面的形式直接落入地坪。在栏板的结束端或者转折点一般做重点处理，并以抽象的石雕等加以装饰，充分表现了新艺术建筑语言的奔放与柔和。

原中东铁路技术学校入口处台阶两侧的栏板，以建筑墙体的装饰壁柱中部作为起点，随着高差以自由曲线形式下落，在建筑平台接近地面半米以上的位置又向上反弧升起一小段，与端部的造型装饰相融结束。这一弧状曲线犹如瀑布倾泻而下，与端部造型之间的结合一气呵成，形成一种曲与直、动与静、繁与简的对比统一效果（图 4.1.6a）。

邮政街 271 号住宅，其主入口前台阶旁的混凝土栏板造型，则处理得跌宕起伏，干净利落，犹如云朵，动感十足（图 4.1.6b）。原中东铁路管理局宾馆次入口处台阶的栏板则更显朴实与平素，以平直的平面落下接入室外地坪，使室内外的过渡自然而平和，其转折处的端部装饰与中东铁路技术学校的处理手法很接近，但由于不是建筑主入口，因此这种尺度的处理也很适当。原中东铁路管理局大楼次入口台阶，在做法上为满足使用需要采用直线处理，但在台阶侧面则采用简练明确的自由曲线形式，新艺术语言表现毫不含糊（图 4.1.6c ～图 4.1.6d）。

2. 组合形态

由于哈尔滨新艺术建筑门和门廊构成要素与建筑其他要素的不同组合方式，又衍生出形态各异的多变组合。通过这些独特的建筑处理手法，建筑细部形态成为新艺术建筑表现的视觉中心。

（1）门与窗的组合

在哈尔滨新艺术建筑中的门扇经常与相邻的窗组合成一个整体。这源于新艺术建筑中一种常见的整圆构图形态。整圆符号通常被用在非常明显的位置，一般多为主要的门窗洞口。整圆与矩形的组合，主要体现在圆形窗与矩形门的交融形态上。这种符号已成为新艺术建筑的标志性符号之一。

这种组合可以分为两种形态：其一，洞口圆弧不落地，即矩形的门一半位于圆内，一半位于圆外，矩形门扇的一部分被两侧圆弧内的窗包围；其二，洞口圆弧落地，即矩形的门位于圆内，圆弧内的窗扇将矩形门扇完全包围。此外，哈尔滨新艺术建筑中还存在门窗组合的变体，即在组合的过程中对规则的圆形进行适度的扭曲，如将圆形做成椭圆形或其他不规则曲线轮廓，从而使门窗的组合呈现出表达方式的多样性。

道外区南二道街 24 号住宅的门窗组合可以看作将圆形与矩形两个图形叠合的产物，圆形在矩形的上部，矩形从圆形的下部打断，与圆形套叠所得（图 4.1.7a）。果戈里大街 383 号建筑中央入口部分立面窗与阳台门扇的曲线造型优美动人，特别是阳台门的造型，采用了圆与矩形的组合模式，且两侧圆窗部分沿门框高度被曲线窗棂分割，形成一道波动的曲线条，尽显了新艺术门窗的典型形态（图 4.1.7b）。

红霞街 78 号住宅、尚志大街 130 号建筑和公司街 78 号住宅中，又在圆形与矩形的组合中出现了将圆形拉伸为椭圆形或其他不规则曲线图形的变体，把新艺术建筑中出奇出新的特点发挥得淋漓尽致（图 4.1.8）。

原俄侨事务局和原中东铁路建设时期阿城糖厂建筑中的门与窗组合，均呈现出整个洞口圆弧落地的形态，将矩形门扇全部罩在其中，使门扇完全隐藏在圆形窗洞之中，突出了圆弧形态的完整性和纯粹性，给人们留下了深刻的印象（图 4.1.9）。前者是将整个洞口处理成几乎为完整圆形，只有门扇底部为平直段，并用不同弧度的曲线窗棂对两侧的窗扇进行了分割。同时又将对应的阳台栏杆也做成弧形曲线状，从而更增加了整体的协调性和夸张的灵动感。

此外，还有一部分门扇采用了以矩形为主的门窗组合形态，只是在门窗的上部处理成曲率较小的弧线，整体感觉朴素平直，但不失柔和与温馨。如原中东铁路管理局宾馆侧门，原契斯恰科夫茶庄侧门，地段街 77 号建筑入口，原捷克领事馆领事住宅入口及买卖街 92 号建筑入口（图 4.1.10）等。

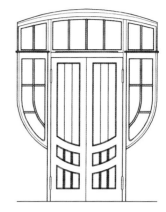

a 红霞街 78 号住宅

b 尚志大街 130 号建筑

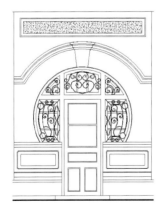

a 南二道街 24 号住宅

b 果戈里大街 383 号建筑

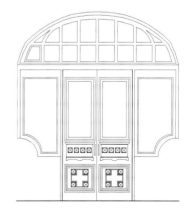

c 公司街 78 号住宅

图 4.1.7 圆弧不落地式门窗组合

图 4.1.8 圆弧不落地式门窗组合变体

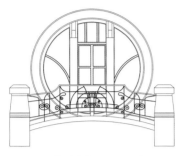

a　原俄侨事务局二层阳台门

b　原阿城糖厂入口门窗

图 4.1.9　圆弧落地式门窗组合

a　原中东铁路管理局宾馆

b　原契斯恰科夫茶庄

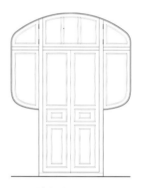

c　地段街 77 号建筑

d　原捷克领事馆领事住宅

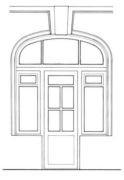

e　买卖街 92 号建筑

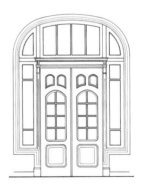

f　买卖街 92 号建筑

图 4.1.10　矩形为主的门窗组合

（2）门与贴脸的组合

在哈尔滨新艺术建筑中的门及门廊经常与周边的墙体通过贴脸的做法组合在一起，这样可以使门及门廊与周围的墙体和谐地融合在一起，同时也使建筑入口采用夸张的比例形式表现出来，起到强调建筑入口的作用。如原契斯恰科夫茶庄入口的处理（图4.1.11）。由于在入口门扇上方通过较大尺度的装饰贴脸线脚与门扇形成一个构图整体，从而使建筑入口在整个建筑立面上显得格外的突出和协调。

门与入口贴脸的主要组合形式有洞口型与拱心石型。洞口型贴脸位于建筑门洞口的上部或两侧，打破平直墙面的呆板，丰富门及门廊的造型，这种形式在俄罗斯的新艺术建筑中较为常见，哈尔滨新艺术建筑的这种做法体现了对俄罗斯新艺术建筑符号的延续。拱心石型贴脸是指在建筑门楣以上位置设置拱心石，其形式或为梯形，或为人物的头像，这种形式的门扇一般是位于阳台上。它与建筑中窗上的拱心石形式相同，都起到了平衡建筑立面，强调建筑立面的光影变化、体积感、层次感的作用。作为贴脸的部位多采用哈尔滨常见的新艺术建筑符号来进行装饰，突出展示新艺术建筑的个性化特征。

原丹麦领事馆（田地街89号）入口采用了洞口型贴脸的形式，以两横两竖的构图在门扇的上半部分，以格状的山花镶嵌其中，又以两道自由的曲线产生了一定的动态感，使入口显得稳定舒展具有较强的古典意味，表现了新艺术建筑理性与浪漫交织的特点（图4.1.12a）。类似的还有经纬街97号住宅与东风街60号住宅（图4.1.12b、图4.1.12c）、原中东铁路督办公署（图4.1.12d）与原中东铁路高级职员住宅（花园街405—407号，图4.1.12e）。地段街198号建筑门上的贴脸采用凸起的曲线形装饰支撑横向的水平线脚，既对入口起到了装饰作用，同时也对入口空间进行了强调。使入口空间产生一定的立体感，使原本简单的入口门扇变得厚重起来（图4.1.12f）。

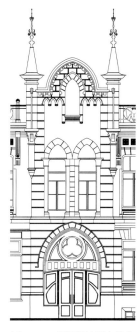

图4.1.11　原契斯恰科夫茶庄

邮政街271号住宅、马迭尔宾馆（中央大街89号）阳台上的门上贴脸则采用了拱心石的形式，与建筑中窗的贴脸样式形成一致，使建筑在立面上具有较强的统一性和韵律感（图4.1.13）。

（3）门与阳台的组合

在哈尔滨新艺术建筑中的入口门经常位于建筑二层阳台下方，与阳台形成组合关系。此时阳台的突出部分在使用功能上可以起到类似于入口雨篷的遮风挡雨功能，同时还能起到烘托入口空间的作用。作为入口空间的一种强调方式，不同形式的阳台有的与入口门扇交相辉映风格统一，有的则与阳台形成鲜明的对比。一般来说阳台的装饰语言多为新艺术的风格，因此二者的结合，往往是进一步突出了新艺术个性的表现。

中央大街46号建筑入口与马迭尔宾馆转角入口的门上，既没有贴脸的装饰，也没有门楣与两侧窗的搭配，本来平淡无奇的入口空间，却在新艺术风格阳台的衬托下显得厚重而有层次，尽显生机。阳台的托脚变成了壁柱一般的装饰，精细的阳台板成了精美的雨篷。相比于轻巧的金属雨篷来说，实体材料的厚重别有一番韵味。原密尼阿久尔茶食店入口门扇上的阳台则以粗犷的构成方式与门形成了鲜明的对比，一反下简上繁的构图原则。该建筑的阳台简单直接地坐落在精巧的入口之上，二者结合得相得益彰，恰到好处。地段街91号建筑与原东省特别区地方法院的入口都是采用了此类的处理手法，极为鲜明地反映了哈尔滨新艺术建筑出奇出新的特点（图4.1.14）。

a 原丹麦领事馆

b 经纬街 97 号住宅

c 东风街 60 号住宅

a 邮政街 271 号住宅

d 原中东铁路督办公署

e 花园街 405—407 号住宅

f 地段街 198 号建筑

图 4.1.12　门与贴脸的洞口型组合

b 马迭尔宾馆

图 4.1.13　门与贴脸的拱心石型组合

a 中央大街 46 号建筑

b 马迭尔宾馆

c 原密尼阿久尔茶食店

d 原东省特别区地方法院

图 4.1.14　门与阳台的组合

（4）门与柱的组合

在哈尔滨的近代建筑较多地表现为折中主义建筑风格，多采用古典柱式，提升入口尺度感，强调入口的作用。而新艺术风格的入口门扇处理，则通过与前者的对比来起到烘托和突出表现新艺术的效果。

扶轮育才讲习所（中医街 101 号）的壁柱，对称地分布在门的两侧，精美的科林斯式柱头以及厚重的柱础增强了门的尺度感与庄重感，增强了门的立体感，强化了入口的层次关系（图 4.1.15a）；马迭尔宾馆则在入口的两侧设置了古罗马多立克式柱式，精巧的柱式用自身的装饰语言丰富了入口的形态，将原本对于整个建筑而言尺度不是很大的入口衬托得庄严醒目。而这正恰到好处地对比出主入口门扇新艺术风格的活泼浪漫（图 4.1.15b）。

此外，作为哈尔滨新艺术建筑代表作的红军街 38 号原中东铁路高级官员住宅入口门廊，其支撑门廊雨篷的木质柱，则完全表现为典型的新艺术语言形态。柱子顶端夸张的神奇曲线造型，既有优美的装饰作用，又起到了结构的支撑作用，表现出技术与艺术的高度统一，堪称哈尔滨新艺术建筑艺术的精品（图 4.1.15c）。

4.1.2 艺术特征

哈尔滨新艺术建筑的门与门廊，作为新艺术风格建筑语言表现的重要部位，在兼顾其使用功能的前提下，结合地域性的建筑材料和构造做法，不断地创新求异，突破了很多欧洲新艺术已有的装饰语言符号形态，最终形成了自己独特的艺术特征。这些新艺术特征已经成为世界新艺术建筑文化遗产的重要组成部分。

1. 曲与直——浪漫与理性的交织

新艺术建筑的门及门廊排斥传统的建筑语言，大量地运用曲线表现形式。曲线构件在哈尔滨新艺术建筑中的门及门贴脸、雨篷支撑、入口台阶等处被广泛使用，极少采用物象符号，而较多地运用抽象曲线。在追求浪漫表达的同时，更注重理性的思考。在理性与浪漫的交织下，新艺术建筑中的门及门廊展示出意想不到的奇妙和唯美效果。

a 原扶轮育才讲习所　　　　　　　b 马迭尔宾馆　　　　　　　c 原中东铁路高级官员住宅，红军街

图 4.1.15　门与柱的组合

从哈尔滨新艺术建筑门扇形态中可以看到，在使用功能上没有因为单纯追求建筑出新出奇的特点而对其实体的使用功能有所牺牲，而是按照门扇的基本使用功能来处理门扇的形态，所以大部分门扇的外边框仍保持矩形形状，这可以很好地满足门扇开启关闭和制作方便的多重技术需求，也体现了建筑师对建筑门扇基本使用功能的理性尊重。同时，为了体现新艺术建筑的动感与魅力，建筑师在门扇内的棂条上采用了抽象曲线的处理方法，从而使建筑门扇呈现灵动多变的气息。此时棂条的分割也常常采用直线与曲线结合运用的手法，大量的直角被处理成圆润的曲线，从而形成外直内曲、直曲相间的独特艺术特色。门扇也根据功能的需要，该通透的通透，该封闭的封闭。当光线透过门扇时，不但满足了室内的采光需求，而且往往由于门扇分割形态的多姿，还可以表现出美妙的光影效果。这种处理手法一般多在公共建筑中使用，而私密性较强的住宅，则多采用较为封闭的门扇。

原哈尔滨火车站正立面入口雨篷支撑件造型的柔和曲线，大度舒展，极好地突出了大门的气派（图4.1.16a）。原中东铁路技术学校主入口贴脸呈现出的椭圆形态与门扇的稳重形态形成鲜明的对比，与台阶两侧栏板下落曲线的组合，更显夸张动感，极具艺术魅力。在这里椭圆形的洞口嵌入稳重的建筑体量之中，所强调的是通过强烈的视觉冲击力来给人留下强烈的印象，起到突出主入口的作用。而其中的门扇仍为正常的功能尺度和常见矩形，是一种对功能理性的矜持（图4.1.16b）。

原中东铁路管理局宾馆与红专街139-1号住宅在门扇的处理上，采用看似随意的自由曲线交织成的图案；一曼街253号建筑与原中东铁路技术学校的门扇，则采用了同心圆弧线式棂条和直线式棂条交织成的优美图案；原中东铁路管理局大楼上的门扇则对规则的圆形曲线进行了变异处理，使其看似更接近椭圆形，并且与纵横的直线棂条相结合。这些做法都是以棂条将整个门扇划分为若干不同形状的小尺度独立分块，不但易在其中安装透光玻璃，而且可以降低玻璃在使用过程中脱落的可能性。同时，这种做法也大大提高了门扇的艺术观赏性，技术与艺术在这里得到了高度的统一（图4.1.17）。

此外，大量的建筑室内门扇，同样也依稀可见新艺术的装饰语言。这些门扇根据不同的需要，被处理成多种形态。或通透或封闭，或简洁或繁琐，但一般都离不开曲线和直线的交织运用（图4.1.18）。遗憾的是这些优美的门扇随着建筑的更新，正在不断地消失，有些只能成为一种记忆。

a 原哈尔滨火车站　　　　　　　　　　　　b 原中东铁路技术学校

图4.1.16　曲线构件在入口处的运用

a 原中东铁路管理局宾馆　　b 红专街 139-1 号住宅　　c 一曼街 253 号建筑

d 原中东铁路技术学校　　e 原中东铁路管理局　　f 原中东铁路管理局
　　　　　　　　　　　　　主入口外门　　　　　　主入口内门

图 4.1.17　门扇上的曲线装饰

 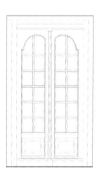  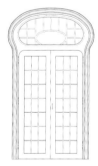  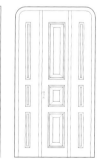

a 经纬二道街　　b 原捷克领事馆　　c 原中东铁路　　d 原吉黑榷运局　　e 原吉黑榷运局　　f 原吉黑榷运局
　住宅　　　　　　　　　　　　　官员住宅

图 4.1.18　具有新艺术装饰特征的室内门扇

2. 实与虚——真实与诗意的辉映

哈尔滨新艺术建筑中的门廊在空间限定中常采用虚实相间的处理手法，从而使真实的空间充满诗意。与其他建筑有所不同的是，其门廊空间采用了半封闭半开敞的空间界面围合，形成一个既非室外也非室内，具有"灰空间"特质属性的空间场所。这与中国传统建筑空廊围合的做法有着异曲同工之妙。

坐落在哈尔滨南岗区的五栋新艺术风格的原中东铁路高级官员独栋住宅都设有这样的门廊，只是在门廊的形制上略有不同。由于建筑呈不规则平面形式，主入口位于建筑一侧的转角端部。它们以实墙体作为门廊的一个界面，另一侧或以竖向排列的木格栅做成围栏，或通过悬挂的木质装饰构件、低矮栏杆与前端木质支柱一起做成半通透的空间围合界面，使其成为室内外之间的过渡空间。这些木质装饰构件形态随意起伏流动，犹如肆意生长的植物，不但富有强烈的动态感，也给人以朦胧不定的感受。在此门廊中停留，观赏院落美景，感觉更像置身充满诗情画意的空间场所，可以引发无限的遐思（图4.1.19a ~ 图4.1.19e）。

原中东铁路管理局大楼入口处门廊则将空间用墙体与门窗封闭起来，原本在居住建筑中门廊的虚空间在这里被实体界面所围合，体现了公共建筑的庄严和严谨。由于该过渡空间四面均是通透的门扇和窗扇，因此该门廊完全没有闭塞封闭的感觉，端庄明亮的门廊空间，同样也散发出诗一般的艺术魅力（图4.1.19f）。

相同的空间处理方式在雨篷的做法中也得到了体现，原中东铁路管理局宾馆的支撑式雨篷不但扩大了入口空间，而且对雨篷所需空间进行了夸张处理，使这部分空间具有多种引申用途，同时为满足雨篷空间的采光需求，在棚顶镶嵌了彩色玻璃，使其产生一定的戏剧性和梦幻色彩。具有类似做法的还有原哈尔滨犹太总会堂入口处雨篷。

3. 刚与柔——典雅与激情的绽放

哈尔滨新艺术建筑中门与门廊在材质的使用上也是匠心独具，新材料的广泛运用使新艺术建筑的个性得以尽情张扬。金属构件容易弯曲，易于加工，同时它又具备很好的强度和刚度等特点，被较多地应用到入口雨篷的支撑与装饰构件上，为在其上充分展示新艺术的激情和浪漫提供了绝佳的技术支持，如吉林街130号建筑、原契斯恰科夫茶庄等。悬挑式雨篷一般通体采用金属材料，将结构完全暴露在外与建筑主体采用刚性搭接的方式，雨篷上也多采用金属构件装饰，如原中东铁路

a 原中东铁路高级官员　　b 原中东铁路高级官员　　c 原中东铁路高级官员
　住宅，红军街　　　　　　　住宅，文昌街　　　　　　　住宅，公司街

d 原中东铁路高级官　　e 原中东铁路高级官员　　f 原中东铁路管理局
　员住宅，联发街1号　　　住宅，联发街64号

图4.1.19　门廊的虚实空间

管理局宾馆。

水泥的良好可塑性，非常适合表现流畅的曲线，水泥抹灰成为塑造各种曲线形态门洞贴脸的最佳选择，使一些大尺度的流畅曲线表达成为可能。原中东铁路技术学校的入口贴脸就是水泥抹灰的曲线贴脸，以柔和的方式强调入口也是曲线贴脸的常见手法。

哈尔滨新艺术建筑中的门多采用木质门。木质材料柔软易于加工，木门扇也更具亲切温暖的感觉。处理的得当，同样也可以表达端庄的性格。原中东铁路管理局大楼建筑通体采用石材贴面，入口处则采用木质门扇，其曲线造型的运用，显示出入口的低调与亲切。

石材在门口台阶与踏步上也被大量使用。尤其在一些重要的建筑入口更是不可缺少的，它表现出建筑更多的典雅与庄重。原中东铁路管理局宾馆、原中东铁路管理局后楼以及原中东铁路技术学校主入口台阶，使用的都是天然花岗岩石材，很好地配合了公共建筑的功能品格。

往往多种建筑材料在新艺术建筑门与门廊上被一起使用。各自材料所具有的艺术表现力在此同时展现，使新艺术建筑门与门廊所承载的典雅与激情共同绽放（图4.1.20）。

a 金属的运用　　　　　b 木材的运用　　　　　c 石材的运用　　　　　d 水泥的运用

图4.1.20　各种材料的运用

4.2　活泼生动的窗与窗饰

窗体是建筑的重要组成部分之一，对建筑艺术特色的表现具有十分直接的影响，并且体现出建筑的装饰风格和文化内涵。哈尔滨新艺术风格的建筑窗体通过自身的造型和装饰形态传递着独特的个性化信息，以此来体现出哈尔滨新艺术建筑的文化价值和艺术价值。

4.2.1　基本形态

窗体的形态是哈尔滨新艺术建筑立面最活跃的装饰要素。哈尔滨新艺术建筑中，窗以其丰富多样的单体形态、别具特色的组合形态、多层次的线脚和贴脸装饰着建筑立面，打破建筑立面构图的单调，使整体形象更加生动。

1. 形态类别

哈尔滨新艺术建筑中窗的单体形式多种多样，窗在建筑立面上按几何形状大致可分为矩形、拱形、圆形和不规则形几类。

矩形窗也称方额矩形窗，是在方窗的基础上，改变方窗的长度和宽度而产生。矩形窗与建筑的结构框架平行，因此运用比较广泛。它们在建筑立面中呈现出一种有力量、大方、稳重、平静、严肃的感觉。方额矩形窗根据窗额又分为方额直角和方额圆角两种，其中方额圆角窗在哈尔滨新艺术建筑中运用最广泛（图4.2.1）。由于圆角的处理，使矩形窗展示出一种非常柔美圆润的个性，极为符合新艺术建筑的风格。

拱形窗的形态变化组合多样、自由活泼，给人一种含蓄、优雅、柔软之美，运用也较为广泛。拱形窗通常分为椭圆额直角窗（图4.2.2）和圆额直角窗（图4.2.3）。椭圆额直角窗的窗额变化丰富、手法多样，有时采用半椭圆，有时只用椭圆的一小部分，椭圆曲线与直线相交的角可以是圆滑的。圆额直角窗在欧洲古典建筑中运用较多，但新艺术风格又极力寻找着一种突破传统的语言，比如马迭尔宾馆中采用三个圆额直角窗并列在一个椭圆形的装饰曲线中（图4.2.3c）。另外，在联发街1号原中东铁路高级官员住宅中又出现了圆额直角窗的变体，即打破常规将下部直线处理成为圆形，极具个性（图4.2.3e）。

a 马迭尔宾馆　　b 原密尼阿久尔　　c 原扶轮育才讲习所　　d 原东省特别区　　e 东大直街267—275　　f 尚志大街110—124
　　　　　　　　 茶食店　　　　　　　　　　　　　　　　 地方法院　　　　　　号建筑　　　　　　号建筑

4.2.1　方额圆角窗

a 原日本朝鲜银行哈尔滨分行　　b 原莫斯科商场　　c 原东省特别区　　d 原丹麦领事馆　　e 原秋林公司道里商店
　　　　　　　　　　　　　　　　　　　　　　　　　　 地方法院

图4.2.2　椭圆额直角窗

a 邮政街 271 号
住宅

b 经纬街 81—99 号
住宅

c 马迭尔宾馆

d 东大直街 289 号
建筑

e 联发街 1 号住宅

图 4.2.3　圆额直角窗

圆窗造型比较特殊，它呈现出一种圆满、充盈、润滑、柔软的特点，与其他形式的窗协调比较难，真正以正圆为窗的建筑极为少见，多是用在一些较为特殊的部位上。哈尔滨新艺术建筑的圆窗都是以椭圆、半圆或椭圆矩形组合窗的形式出现。其中半圆形窗有时作为老虎窗位于建筑顶端，有时则采用将其分为三部分的分离式组合运用在建筑立面上（图 4.2.4）。圆形窗和椭圆形窗运用更少，圆形窗多位于建筑最高点，一栋建筑上只有一两个作为点缀之用（图 4.2.5）。椭圆形窗多位于立面的主墙面上，大部分椭圆形窗在立面只有一两个，多作为强调建筑立面的构图重心，此时的椭圆尺度都比较大（图 4.2.6）。但在马迭尔宾馆中，椭圆形窗却成组出现，使整个立面稳重不失活泼，形成一种独特的节奏韵律。

a 原哈尔滨工业大学学生宿舍

b 原莫斯科商场

a 原哈尔滨工业
大学学生宿舍

b 马迭尔宾馆

c 原俄侨事务局

图 4.2.5　圆形窗

c 下夹树街 23 号住宅

d 公司街 121 号建筑

a 原道里日本小学

b 原秋林公司
道里商店

c 马迭尔宾馆

e 原东省特别区地方法院

f 下夹树街 23 号住宅

图 4.2.4　半圆形窗

4.2.6　椭圆形窗

不规则的几何形窗通常造型新颖、独特,打破常规。既可以是充满动感的不规则曲线形,也可以是完全反传统的以直线表达的不规则多边形,有的呈现出梯形、被斜切某一直边的矩形等。这种窗的贴脸多很简洁,抛弃复杂的装饰线脚,窗棂分隔有序,简单又不乏细节。窗的整体线条硬朗,使其在立面上更富有表现力,极具个性化效果。在原中东铁路高级官员住宅中都采用了这种窗的开洞形式。经纬街 81—99 号住宅的窗采用了六边形与矩形组合的形式。原中东铁路技术学校的窗采用椭圆与矩形组合,整体宛如爱奥尼柱式的柱头形态,又被称作爱奥尼柱式演化得来的窗洞形式,也可以看作新艺术建筑反传统的一种表现(图 4.2.7)。

2.组合方式

哈尔滨新艺术建筑中窗的组合方式也可分为双扇窗组合式、多扇窗组合式以及门窗组合式。双扇组合式窗与多扇组合式窗一般来说是将独立式的窗用优美的窗柱一分为二或者一分为三个单独的窗扇,并将它们共用一个装饰性线脚或贴脸联系在一起(图 4.2.8、图 4.2.9)。此时窗扇竖向分割,既可以是大小相同,亦可以是大小不同。在三扇组合时,常将中间一扇窗偏大处理,从而形成视觉中心,极富节奏感。连续的装饰性线脚或拱形贴脸又在窗的顶部和窗口将多扇窗统一起来。有时将两个或两个以上相同形式的独立式窗,统一在一个完整的装饰母题中。其中每个独立式窗的高宽比不变,这种组合窗的开间是独立式窗的倍数。通常这些连续的装饰线脚和窗贴脸以及窗柱都比较好地表现了新艺术建筑的符号特色。

a 原南满铁道"日满商会"　　b 经纬街 81—99 号住宅　　c 联发街 1 号住宅　　d 原中东铁路技术学校

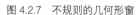

图 4.2.7　不规则的几何形窗

a 原日本国际运　　b 原中东铁路商务　　c 东大直街 281 号建筑　　d 中央大街 69 号　　e 原中东铁路高级官员
　输株式会社哈　　　学堂　　　　　　　　　　　　　　　　　　　　建筑　　　　　住宅,联发街 1 号
　尔滨分社

图 4.2.8　双扇窗组合式

门连窗形式在新艺术建筑中独树一帜，窗通常在入口两侧，与门组合共同形成一个完整的装饰形态，多为曲线与矩形的结合。这种组合形式不仅增大了入口形象的尺度，起到了强调入口的作用，帮助门厅扩大了采光面积，而且在建筑立面上呈现出独特的装饰效果（图4.2.10）。

4.2.2 装饰形态

窗体的装饰形态依赖于窗体造型设计来表现，使形式美和功能达到统一。哈尔滨新艺术建筑中的窗饰柔和自然，窗的装饰形态和窗洞的形式浑然一体，装饰形式自由而富有变化。哈尔滨新艺术风格建筑窗体装饰形态主要由窗柱、多层次的线脚、贴脸、拱心石等组成。已成为哈尔滨新艺术窗体不可或缺的组成部分之一。

1. 窗楣

窗楣指的是窗洞上部外墙的装饰，也称贴脸。窗楣是窗体装饰的重点部位。哈尔滨新艺术建筑中窗楣形式多样、纹样精美、工艺精湛，与窗扇极好地协调成一体，是整个窗体形态取得艺术美感不可缺少的部分。

窗楣有的采用山花加以装饰，显得自由浪漫；也有的采用浮雕装饰，与主体装饰相呼应，活跃建筑立面。常用做法多为结合墙面砌筑和表面水泥抹灰而成，个别采用石材贴面制作。按形态划分，哈尔滨新艺术建筑中窗楣装饰大致分为曲线形、直线形和曲直相结合等几种形式（图4.2.11、图4.2.12、图4.2.13）。

a 原哈尔滨商务俱乐部　　b 中东铁路管理局宾馆　　c 原南满铁道"日满商会"　　d 原丹麦领事馆　　e 原俄侨事务局

图 4.2.9　三扇窗组合式

a 原中东铁路管理局宾馆　　b 原契斯恰科夫茶庄　　c 原捷克领事馆领事住宅　　d 红霞街78号住宅　　d 红霞街74号住宅

图 4.2.10　门连窗式

a 马迭尔宾馆　　　　　b 原秋林公司道里商店　　　c 马迭尔宾馆　　　　　d 马迭尔宾馆

图 4.2.11　曲线窗楣

a 马迭尔宾馆　　　b 联发街 1 号住宅　　c 马迭尔宾馆　　　　　a 原秋林公司道里商店　　b 原中东铁路管理局

图 4.2.12　直线窗楣　　　　　　　　　　　　　　　　图 4.2.13　曲直结合窗楣

　　按部位划分，窗楣也分为顶端式、全包围、半包围三种形式。其中，为表现新艺术建筑创造并使用"长的、敏感的、弯曲的线条"这一显著的艺术形式，窗楣的各式造型多利用线脚进行表达。线脚形式多样，组合多变，按平面构成形式可分为直线型和曲线型两类，按其空间构成，又分为外凸式和内凹式两类。

　　原哈尔滨商务俱乐部与原密尼阿久尔茶食店的窗部贴脸造型趋近于浮雕。原密尼阿久尔茶食店方额圆角的窗户与拱心石上套圆环的雕塑相结合，更为立体精致（图 4.2.14）。原哈尔滨商务俱乐部正立面入口上方的窗为分离式窗，看似一个长方形的圆额直角窗被两个窗柱分割。但其窗户的贴脸却是一个整体，在最中心处设有宽大的拱心石，贴脸分为两部分，内侧部分较宽，但突出墙面部分较少，用竖线脚向心均匀划分；外侧部分较窄，突出墙体较多，形成很好的光影效果，其形态如流畅的音符一般，在两侧的尾端向内收，形成一个涡卷，简练而有动感，极具新艺术建筑装饰语言的特征（图 4.2.15）。

　　原中东铁路技术学校的窗部贴脸沿窗形抹制，并在正中饰以浮雕头像。该头像面容微笑，端庄秀丽，制作精美，有很强的艺术表现力，与下端柔美的窗体非常协调（图 4.2.16）。

2. 窗棂

哈尔滨新艺术建筑部分窗户的窗棂划分极为讲究。尤其是在棂条较多的窗户中，窗棂不仅有主次之分，也兼具疏密有致。在原中东铁路五栋高级官员住宅中体现得极为明显，其中联发街 1 号住宅的窗棂主要分为两部分，上部均匀用较细的棂条以小方格式进行划分；下部则竖向划分。上下两部分的分割线与其他棂条相比较粗壮，主次很明晰。另一窗扇的窗棂划分配合着窗户的形状，一侧转角圆形，中间垂直划分（图 4.2.17a、图 4.2.17b）。

窗棂的做法也相当精致，窗棂多为 1 cm 宽的细木条，在与玻璃连接处用油腻子加固。窗户中央的竖向窗棂高高凸起并做了多层线脚的抹圆，触摸起来非常细腻。有些建筑还在窗棂与窗棂相交接的地方做出半圆状，尤其在窗上部固定扇较为多见。连续多个四边圆角窗棂组合，形成一个个连续的圆润窗块，从整体看来，使窗扇的线条显得更加流畅柔美（图 4.2.17c、图 4.2.17d）。

窗棂的形式除了直线之外还有曲线，有些曲线与直线结合，有些曲线与半圆弧线结合。虽然曲线均呈自由伸展之势，但几乎全部保持中轴对称状态。曲线窗棂将窗扇划分出看似很随意的自由图案，强化了流畅的动感，使建筑的新艺术风格更为鲜明突出。位于文昌街的原中东铁路高级官员住宅封闭阳台，用一条弧线窗棂将窗扇疏密相间地分割出若干大小不一的方块，整个图案舒展大方，线条流畅，秀丽多姿（图 4.2.17e）。

图 4.2.14　原密尼阿久尔　　　　图 4.2.15　原哈尔滨商务俱乐部　　　　　图 4.2.16　原中东铁路技术学校
　　　　　　 茶食店

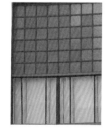

a 联发街 1 号住宅　b 联发街 1 号　　c 原中东铁路　　d 红军街 64 号　　e 文昌街住宅　　f 红霞街 99 号住宅
　　　　　　　　　　 住宅　　　　　　 商务学堂　　　 建筑

图 4.2.17　窗棂形态

a 联发街 1 号住宅　　b 原中东铁路管理局

c 原密尼阿久尔茶食店　　d 原东省特别区地方法院

e 尚志大街 110—124 号　　f 买卖街 92 号建筑
建筑

图 4.2.18　窗下楣构成形态

3. 窗下楣

窗下楣装饰是窗体装饰形态中不可缺少的元素，装饰形态比窗楣略简洁一些。窗下楣的装饰元素根据开窗的形式做出装饰的选择，多以直线装饰为主。有的建筑窗下楣采用外窗台的形式，造型简洁大方，在外窗台上还可以根据住宅主人的喜好装饰和摆放各种物件，这样外窗台既有装饰性又兼具功能性，体现了建筑功能和形式的统一。

另外一些建筑在窗台部分做了由内而外的梯形抹斜处理。这样做不仅能够防止外窗台积水，避免雨水对墙体结构造成损坏，而且可以丰富立面层次，加强光影效果。哈尔滨新艺术建筑中窗下楣丰富的装饰形态使窗的装饰更有趣味性和观赏性。

联发街 1 号住宅的窗下楣呈凹入式陡坡状（图 4.2.18a），并在端部向内收口。窗下楣与贴脸同为白色，使不同形状的窗户，在立面上更加统一。原中东铁路管理局办公大楼的部分窗户也采用该形式（图 4.2.18b）。原密尼阿久尔茶食店的窗下楣呈凸起状，形如半圆柱，与建筑立面上凸起的装饰纹样相结合，增强立面光影变幻，丰富了装饰效果，使建筑立面更为生动（图 4.2.18c）。原东省特别区地方法院的窗台也呈凸起状，只是窗台微拱中间高，两边低，呈现出弧状。窗台的下方有一块与窗户等宽，上边缘与窗台弧度同步的凹入墙内的矩形。由于与周边的墙体有凸凹变化，形成很强的光影效果，使其非水平的弧状窗下楣显得很突出（图 4.2.18d）。

哈尔滨新艺术建筑窗台下装饰大多较为简洁，大部分窗户的窗下楣只是做了几层线脚，装饰线脚层层递进。如尚志大街 110—124 号建筑，其窗下楣的正下方有一扁矩形内凹框，框内刻有如自然植物一般弯曲环绕的纹样，与窗户正中央的拱心石相对应，形成统一的窗体装饰效果（图 4.2.18e）。还有一种窗下楣形如"牛腿"，该类型通常是在窗台下边缘处做两个假"牛腿"，形成其支撑窗台的装饰效果（图 4.2.18f）。

4. 窗柱

窗柱是哈尔滨新艺术风格建筑中常用的装饰手法。通常设置在单个的窗与窗之间，或者一列窗和一组窗之间。前者通常较为纤细精致，装点之下使建筑立面形成韵律感；后者则通常贯穿一列，起到竖向分割建筑立面的作用。窗柱富于装饰且多样化，以半圆形倚柱居多，柱身有凹槽。另外，因突出主入口的需要，一些建筑入口上方的窗户两侧也会设置窗柱装饰（图 4.2.19）。

　　窗柱的装饰形态多种多样，其中既有类似传统的古典柱式，又有简化之后添有新艺术装饰风格的新柱式，还有变异而成的"异型"柱式。

　　原道里日本小学主入口上面的窗户采用了爱奥尼柱式。中央大街 73 号建筑、兆麟街 121 号建筑、原契斯恰科夫茶庄（图 4.2.19a）等均采用了变体的科林斯柱式。还有一些建筑采用混合式等。这些柱式的柱身平滑，或呈螺旋线形的凹槽，或是垂直的凹槽，给人庄重、典雅感之余，也蕴藏着一种动势。

　　中央大街 69 号建筑的窗柱采用方形，同样由柱头、柱身、柱础三部分组成，通体等宽，柱头与柱身、柱身与柱础均用两层细线脚划分；南二道街 41—43 号建筑与其有同工之妙。两栋建筑最突出的特点是柱身正面雕有两个圆形和一长两短的竖线组合的图案，这是哈尔滨新艺术建筑的经典装饰符号（图 4.2.19b、图 4.2.19c）。原中东铁路技术学校有一对窗柱直通檐口，上厚下薄，柱身等宽，表面光滑。其柱础落座在一个雕工精致的半身人像上，人像好似一个戴着帽子的东正教徒，充满了异国风情（图 4.2.19d）。

　　这些窗柱很多既是当时受制于建筑结构技术水准的必然产物，同时也成为哈尔滨新艺术建筑装饰符号表达的载体之一。

4.2.3　美学特征

1. 浪漫曲线与理性秩序

　　浪漫的曲线在哈尔滨新艺术建筑中随处可见。这些曲线流畅、优雅、自然，充满了奇异的想象力。窗洞本身就善于采用倒角、弧线，甚至整个做成圆形或者椭圆形。一些窗户可以根据立面造型的需要做出形如花瓣的样式。异形窗洞内的棂条会顺应洞口的造型，还有些窗是以其自然、舒展的棂条处理而富有装饰性（图 4.2.20）。

　　复杂多变的曲线也通常装饰窗楣，尤其是那些洞口呈弧线的窗楣处，总是伴随着层层递进的线脚，顺应窗洞的弧度，并配以拱心石，使窗户整体舒畅、优美（图 4.2.21）。

　　丰富的曲线看似自由、浪漫，其中却充满了理性的秩序。连续的拱形窗一般都是成组出现，它们大小相同，统一在同一装饰母题下，主要体现其稳定性和韵律感。为塑造夸张出奇的建筑立面效果，常采用尺度较大的椭圆形窗，

a 原契斯恰科夫茶庄　　　　b 中央大街 69 号建筑　　　c 南二道街 41—43 号建筑　　　d 原中东铁路技术学校

图 4.2.19　窗柱形态

但在一栋建筑中往往只出现一两次，一般多在建筑立面的中心处或重点要突出之处。如为了突出主入口在其上方采用形态特殊的曲线形窗。

所有曲线形窗的应用均呈中轴对称式，这符合传统美学原则，也符合窗的制作工艺要求。曲线形窗上楣装饰被大量应用，同样也是因为它既可以非常好地表达新艺术建筑的特色，也易于施工制作，且造价低廉实用。如此看来自由曲线应用虽广，但均是有迹可循，有理可依，在浪漫曲线潇洒展现的同时，理性秩序的深层表达也同样是不可缺少的。

2. 标新求异与对立统一

新艺术建筑风格反叛传统、兼容并蓄、广采博取其他艺术的表现形式，然后融会贯通，形成独特的艺术语言。哈尔滨新艺术建筑在新艺术装饰形态的发展演变中，又形成了带有其地域特征的新艺术形式。这种形式同时影响到了哈尔滨新艺术建筑窗的装饰形态，使其有别于以往的构图，显得标新立异。其中有三点成为影响立面构图的最重要因素：首先是窗本身的形态；其次是窗体的装饰符号；最后是窗体特殊的造型和夸张的尺度。

窗体本身的形态多种多样，就联发街1号原中东铁路高级官员住宅来说，有窄长的梯形窗、直角梯形窗、圆额倒梯形窗、圆窗与倒梯形复合窗、双圆形复合窗、矩形窗及正方形窗等九种之多。其中梯形窗、双圆形

a 原密尼阿久尔 茶食店　　b 原契斯恰科夫 茶庄　　c 原秋林公司道里商店

d 原中东铁路技术学校　　e 原南满铁道"日满商会"　　f 原吉黑榷运局

图 4.2.20　曲直窗洞与棂条

a 原日本国际运输株式会社 哈尔滨分社　　b 原日本朝鲜银行哈尔滨分行　　c 原扶轮育才讲习所　　d 原丹麦领事馆

图 4.2.21　曲线在窗楣中的运用

a 东立面

b 矩形窗

c 双圆形复合窗

d 方窗

e 矩形窗

f 圆额倒梯形窗

g 梯形窗

h 直角梯形窗

图 4.2.22 联发街 1 号原中东铁路高级官员住宅立面窗

复合窗等均是哈尔滨新艺术建筑中独有的窗的类型，可谓彻底背离了传统，开辟了先河。这些不同形态的窗与不同的贴脸相结合，又会呈现出不同的样式（图4.2.22）。虽然如此，形态各异的窗在处理手法上却有统一之处。比如带贴脸的窗，无论贴脸大小，均采用圆额倒角，且下反窗侧的距离都是相同的。再比如这些窗户在外窗台部分无一例外地都做了由内而外的梯形抹斜，这样一来，即便窗的形态不同，也都统一于简单、易识的处理手法中。从整体上看，建筑的立面风格十分统一。

新艺术的窗体多采用圆额、拱形、圆形甚至是异形。但无论采取什么形状其装饰贴脸、窗台和窗柱通常会采用相同的装饰母题。在新艺术建筑中，灵动柔和的曲线线脚是必不可少的，但在哈尔滨新艺术建筑中"同心圆环""内切圆环""圆面""圆与直线相结合"才是最具地域特色的装饰符号。

窗的特殊造型和夸张尺度搭配充满奇异想象力的贴脸装饰，使新艺术建筑具有强烈的可识别性。邮政街 305 号住宅虽为二层建筑，但其端部立面上的长窗贯穿二层，搭配极具新艺术特色的窗楣，在立面上显得尤为突出（图 4.2.23a）。

另有一些窗会在主入口发生变化，从而打破建筑立面的稳定性和韵律感，强调主入口，丰富建筑立面（图4.2.23b、图 4.2.23c）。也有一些窗占据中心的位置，成为视觉焦点统领立面（图 4.2.23d、图 4.2.23e）。

3. 丰富多样与和谐共生

哈尔滨新艺术建筑的窗是立面中一个非常重要的要素之一，在建筑立面上发挥着重要的协调作用。这些窗虽然位于建筑的不同位置，但却往往统一在相同的装饰符号和处理手法中，和谐共存于建筑中。其中不乏一些造型特殊、装饰新颖的窗，成为立面中的亮点，强化建筑立面的风格。

马迭尔宾馆的窗户类型有十种之多，建筑在整体层高不变的情况下还分成了两部分，一部分三层、一部分四层，三层与四层通过不同类型的窗户统一于同一立面上。其中方形窗和圆额直角拱形窗较长，它们位于三层一侧，而椭圆额矩形窗和椭圆形窗较短，它们则位于四层一侧。为避免立面变化突兀，顶端的窗户均采用半圆方额或椭圆形窗来处理，建筑的一层也都采用方形窗来统一。

为使各类型窗均和谐共生于同一立面之中，窗的贴脸形式也有所协调。其中方额圆角的窗户贴脸形式多采用哈

a 邮政街 305 号住宅　　b 原南满铁道"日满商会"　　c 公司街 121 号建筑　　d 原秋林公司道里商店　　e 联发街 1 号住宅

图 4.2.23　窗与立面造型

尔滨新艺术典型的三条竖线作为装饰母题。圆额直角、椭圆额直角和椭圆形窗则采用弧形线脚与拱心石结合的形式，与此同时窗两侧分别垂下如竖带般的装饰线脚。线脚的端部采用经典的三条横线与两层同心圆结合，形成独特的装饰效果（图 4.2.24）。

　　原丹麦领事馆的窗虽然大小不一、高矮宽窄不一，但也都采用了相同的装饰手法，体现其和谐共生的设计原则。一层均采用方额圆角矩形窗，窗洞四周并未设复杂的贴脸，只在一二层分根线下方做凸起方块，方块中间以典型的新艺术装饰符号"圆点"装饰，建筑二层则采取相同的白色线脚做贴脸，贴脸上部为倒梯形的拱心石，相邻两窗的窗楣肩部用白色线脚横向相连，使整体协调统一（图 4.2.25）。

4.3　朴实柔美的墙体装饰

　　建筑立面墙体是哈尔滨新艺术运动风格建筑语言的重要载体。在墙体处理上表现为采用具有新艺术特色的装饰符号和形式语言；利用墙体的不同构图模式来突出新艺术建筑的造型特色；同时在墙体上通过装饰构件的艺术处理与装饰语言符号的巧妙应用，使建筑立面墙体生动活泼，别具一格。

4.3.1　墙体的装饰处理

　　对于一栋建筑而言，墙体及其表面的装饰最能给人直接的视觉感受；对于新艺术建筑墙体装饰而言，墙体形态是最重要的。墙体基本形态包括墙面与墙身壁柱两部分。由于部位的不同，其装饰形态不同，墙体呈现出来的形态特征也是完全不同的。

1. 墙面

　　墙面是墙体装饰的重点。在新艺术建筑中大量采用装饰符号，是一种独有的墙面处理形式。各种流动变化的装饰图案在墙面上萦绕穿插，给墙面塑造了极强的装饰效果。在哈尔滨的新艺术建筑中，有些墙面装饰复杂丰富，注重通过装饰语言符号来体现新艺术特色；还有一些墙面的装饰简洁利落，注重在墙面的形体变化中体现新艺术特色。两种墙面表现形态相辅相成，使哈尔滨的新艺术运动建筑风格多姿多样、特色突出。

a 南立面 b 椭圆额矩形窗 c 半圆额矩形窗 d 矩形窗

e 矩形窗 f 椭圆额矩形窗 g 椭圆形窗

h 椭圆额矩形窗 i 半圆额矩形窗 j 方额圆角形窗 k 圆形窗

图 4.2.24 马迭尔宾馆立面窗

（1）装饰丰富的墙面

新艺术建筑中墙面装饰语言常常是一些带有典型特色的曲线、植物图案，位置一般位于建筑的檐下、窗下、窗间等部位。由于装饰特点突出，部位显著，效果鲜明。

原扶轮育才讲习所的外墙面，矩形的线脚、仿石子的贴面及连续的圆环装饰簇拥在窗下、檐下等部位，典型的同心圆加三条竖线的装饰母题占据了几乎整个窗间墙，高耸的壁柱自下而上与檐口过渡衔接，壁柱表面同样带有半圆加三条竖线的装饰母题。各种各样的装饰填充了除门窗以外的整个墙面，墙面几乎没有闲暇的空间，饱满

a 南立面

  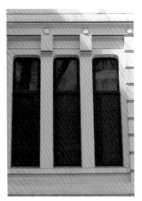

b 椭圆额矩形窗   c 椭圆额矩形窗   d 方额圆角形窗

e 方额圆角形窗

图 4.2.25　原丹麦领事馆立面窗

而充实（图 4.3.1a）。

原日本国际运输株式会社哈尔滨分社外墙面，每个窗户上部均设石子贴面的连续券装饰，两侧尽头施巨大的椭圆窗券。细腻多变的贴面窗券配合一二层虚实灵动的金属装饰阳台，虚实互补，相得益彰（图 4.3.1b）。原秋林公司道里商店，带有新艺术特色装饰的石子贴面、矩形图案、水平线脚和同心圆装饰填满了整个檐下、窗间和窗下空间，由于装饰凸出墙面的尺寸较小，因此墙面给人感觉平面化效果明显，新艺术装饰特色没有上述的两个实例突出（图 4.3.1c）。

（2）简洁平整的墙面

简洁平整的墙面，装饰手法和建筑形体相对单纯。常见的装饰做法是通过控制砖材砌筑时的凹凸变化，打破墙面完整单一的特性，从而形成具有特殊意味的"砖构新艺术"墙面形态。

相对于上述装饰较多的墙面，这类墙面的装饰语言运用较少，以矩形图案和横竖线条为主，表现为"减法"装饰。位于公司街 78 号的原中东铁路高级官员住宅，檐下布置一圈交替出现的矩形孔洞，连续交替的矩形孔洞犹如一条特殊的编织纹理，并将二层所有的窗户连接成一体，矩形的孔洞与平整的墙面虚实对比明显，"砖构新艺术"的特色十分突出（图 4.3.2a）。位于联发街 1 号的原中东铁路高级官员住宅，墙身底部

a 原扶轮育才讲习所　　　　　b 原日本国际运输株式会社哈尔滨分社　　　　c 原秋林公司道里商店

图 4.3.1　装饰丰富的墙面

转角和阳台转角的墙面均处理成凹凸线条的转角形式，简单有力的凹凸线脚点缀在墙面的细微之处，既打破了平整墙面的单调乏味之感，又从细微之处彰显了建筑的新艺术运动风格（图 4.3.2b）。由于凹凸线脚的装饰手法加工简易，特色突出，因此在一些端庄稳重的建筑中经常出现，如原中东铁路技术学校、原哈尔滨火车站等，这些建筑的普遍特点都是墙面简洁平整，变化不大，多以横竖线条作为主要装饰。

a 原中东铁路高级官员住宅，公司街

b 原中东铁路高级官员住宅，联发街 1 号

图 4.3.2　简洁平整的墙面

2. 壁柱

墙身壁柱是墙体的组成部分之一。优雅端庄的墙身壁柱配以典型的装饰符号，已成为哈尔滨新艺术运动建筑墙体的表现形式之一。壁柱既可以通过自身线条的变化来表现新艺术运动形态，又可以通过附加各种装饰来体现新艺术运动风格，根据壁柱形态和表面的装饰，壁柱可以分为平整通长的壁柱和装饰复杂的壁柱两种。

（1）平整通长的壁柱

平整通长的壁柱即表面光滑、柱身通长的壁柱，这类壁柱位置多处于几组窗户之间，柱头多处理成带有新艺术特色的曲线形式且常常凸出屋檐或女儿墙，从而成为立面的构图中心，柱身表面比较简洁，一般没有装饰或装饰较少，柱础多直接落地或者是落在二层窗下墙的线脚之上。

现存采用平整通长墙身壁柱的案例比较多，原莫斯科商场壁柱柱础落地，柱头挺拔位于女儿墙之上，转角处柱头带有花篮状装饰，柱身表面简洁平整，仅在底部稍做装饰，光滑简洁的壁柱不仅形成连续统一的韵律，而且构图作用明显（图 4.3.3a）；位于满洲里街 33 号的原中东铁路高级职员住宅，山墙壁柱同样突出于女儿墙，柱头自身曲线婉转犹如一颗倒置的水滴，表面带有典型的圆环加竖直线条的装饰，在米黄色墙面的背景下，洁白光滑的壁柱端庄优雅、款款而立（图 4.3.3b）；原南满铁道"日满商会"，建筑立面的壁柱柱础落在二层窗下墙的线脚之上，中间的壁柱挺拔高耸，柱头与柱身的连接曲线自然婉转，柱身表面没有丝毫装饰，简洁

a 原莫斯科商场

b 原中东铁路高级职员住宅，
满洲里街

c 原南满铁道"日满商会"
4.3.3 平整通长的壁柱

光滑的壁柱不仅衬托了墙面的简洁大方，同时还连接入口、二层窗户和女儿墙成为立面的视觉中心（图4.3.3c）。

（2）装饰复杂的壁柱

采用复杂装饰的壁柱的建筑较多，壁柱常位于两窗户之间或者两组窗之间的窗间墙处，有的甚至占据了整面窗间墙，其柱础多位于二层窗下墙处，柱头截止在屋檐之下，有的还通过特殊的转折处理将壁柱和屋檐过渡性地结合在一起。壁柱表面装饰语言丰富，几何线条、植物图案、水平线脚等相互组合拼贴变化，给人感觉目不暇接、千变万化。

原日本朝鲜银行哈尔滨分行壁柱转角收分两层，顶部带有复杂的水平线脚装饰，并且通过复杂的托檐石将壁柱与屋檐联系在一起，托檐石底部的流苏装饰使壁柱充满自然风韵（图4.3.4a）。原哈尔滨商务俱乐部的壁柱被水平横线分割，从而打破壁柱对垂直方向的控制，加强窗户之间的水平联系，壁柱同样通过复杂的托檐石与檐口连接在一起（图4.3.4b）。东大直街267—275号建筑的壁柱则贯穿整个二、三层，表面带有同心圆加竖线的典型装饰母题，给人感觉挺拔简洁（图4.3.4c）。装饰类壁柱表面的装饰除了常见的同心圆或几何图形装饰外，还有一些建筑的壁柱采用了人头造型的装饰，如六顺街77号建筑，立面简洁大方，红色壁柱通高三层，壁柱表面附有戴帽子的人头雕塑，头像突出墙壁，带有明显的雕刻手法，规矩平整的墙面背景下，头像的装饰作用十分突出（图4.3.4d）。

4.3.2 墙体构图模式

在哈尔滨新艺术运动建筑的墙体构图中，有的墙体注重突出中轴来强调建筑的庄严对称之感，有的注重突出局部来形成视觉的焦点重心，还有的注重均衡的比例关系来实现建筑的均衡之感，根据墙体、窗户、壁柱及各类装饰之间的比例构图关系，可以将新艺术运动的各类墙体划分为中心突出、局部突出和均衡统一三种墙体构图模式。

1. 中心突出模式

中心突出的墙体构图模式指墙体中心存在一个构图中心，构图中心一般由入口、窗户和女儿墙等组成。由于居于中心部位的入口、窗户、女儿墙新艺术特色明显，因此整个建筑的新艺术风格浓重。这类构图模式由于构图严谨、中心突出，因而主要出现在一些重要的行政、交通类建筑中。

原哈尔滨火车站即为中心突出的墙体构图模式的典范，车站主体一层，沿水平方向展开。垂直方向上装饰丰富的入口门洞、硕大的扁圆上窗和魁梧细腻的两侧壁柱组合在一起，构成了竖直方向的构图中心；水平方向上扁圆的女儿墙体反转伸展至入口两侧矮墙，自由伸展的女儿墙与两端低矮通长的墙体完美结合，同时平面上整个入口空间向前凸出，通过这样的处理手法，由入口、扁圆窗、女儿墙和壁柱组成的中心单元无论是水平方向、垂直方向还是平面构图上均处于中心突出地位，这样的墙体构图模式也与火车站建筑性格特点十分匹配（图4.3.5a）。

a 原日本朝鲜银行 哈尔滨分行　　b 原哈尔滨商务俱乐部　　c 东大直街 267—275 号 建筑　　　　d 六顺街 77 号建筑

图 4.3.4　装饰复杂的壁柱

　　原中东铁路管理局宾馆，建筑主入口位于城市道路交叉处，其转角部位的中心单元墙体新艺术装饰被一再强调。从下至上依次为特征突出的木门扇、硕大突出的雨篷、规矩宽阔的矩形方窗和细腻高耸的女儿墙，这四个部位组成的中心转角单元自由向前伸展，自在向上延伸，引领控制着整个建筑的立面构图（图 4.3.5b）。原南满铁道"日满商会"，建筑整体简洁朴实，装饰大多集中在立面中心部位，其敦厚不失活泼的一层基座、简单不失灵活的二层门窗、挺拔不失细腻的四根壁柱组合在一起成为立面的中心视觉焦点，并统率控制着整个立面（图 4.3.5c）。

2. 局部突显模式

　　局部突显的墙体构图模式即建筑立面中存在一个局部突出的视觉中心，该视觉中心一般偏离墙体中心部位，多位于建筑的一侧。突显的重点一般是通过造型奇特、尺寸巨大的新艺术风格门窗洞口等来表达。造型突出的局部与整体对比明显，强调个性、突出相异，使建筑性格自由活泼没有束缚。这种局部突显的墙体构图模式常出现在一些行政类、商业类建筑中。最具代表性的此类墙体构图模式即原中东铁路技术学校，突出的视觉中心位于建筑右侧入口处，其形态自由的椭圆门窗与大气舒缓的入口曲线墙结合在一起形成了特征明显的非对称构图，不仅强调了建筑入口，而且与其余简洁无华的墙面形成了鲜明的对比，在入口、曲线墙的控制下，建筑的新艺术特征格外突显。尽管后期在右侧加建了竖向的塔楼，但是入口处的视觉重点仍然没有被削弱（图 4.3.6a）。

a 原哈尔滨火车站　　　　　　b 原中东铁路管理局宾馆　　　　　c 原南满铁道"日满商会"

图 4.3.5　中心突出的构图模式

其他采用局部突出的墙体构图模式的建筑如原秋林公司道里商店，建筑形体简洁但是墙体装饰复杂丰富，各种各样的横竖线条、圆形装饰、椭圆形窗券等遍布建筑的窗间和檐下等位置，在装饰繁杂拥挤的墙面上，一个带有典型新艺术特色的硕大椭圆窗在建筑二层右侧夺目而出，给人留下极强的视觉冲击力（图4.3.6b）。公司街121号建筑，沿街一侧的墙体转角处自下至上依次为椭圆形高耸的门窗组合，虚实对比的挑出阳台和转角圆润的二层方窗，门窗、阳台结合在一起与朴实简洁的墙面对比鲜明，从而使转角部位的视觉冲击力极强（图4.3.6c）。其他采用局部突出的墙体构图模式的建筑还有很多，如原丹麦领事馆、马迭尔宾馆等。

3. 均衡对称模式

均衡对称的墙体构图模式中，墙体表面一般比较单纯，其形体也比较简洁，建筑的新艺术运动特色主要是通过一些带有典型特征的门、窗、女儿墙形态和细部装饰表现出来，由于对各部位形态和装饰的处理谨慎细致，因此这类构图模式的墙体给人感觉中规中矩、亲切宜人。

原莫斯科商场，墙体光洁平整，几乎没有装饰。在光洁的墙面上，简单无饰的半椭圆形窗呈连续的均衡分布，这些半椭圆形窗形成了连续统一的韵律，加之墙面上点缀的曲线金属装饰构件，突出了建筑的新艺术特色。整个建筑立面，无论是墙身壁柱、门窗，还是檐口、女儿墙、金属装饰构件，都是如此的清晰规矩、均衡统一，毫无夸张怪异的装饰语言，给人以平静亲切、舒展大方的感觉（图4.3.7a）。

原中东铁路管理局办公大楼，建筑整体尺度规模巨大，具有多种新艺术运动装饰元素，如金属栏杆、女儿墙兽足装饰、窗户的椭圆窗额等均呈对称分布，形成均衡对称的构图模式（图4.3.7b）。

a 原中东铁路技术学校　　　　　　b 秋林公司道里商店　　　　　　c 公司街121号建筑

图4.3.6　局部突显的构图模式

a 原莫斯科商场　　　　　　　　　　b 原中东铁路管理局

图4.3.7　均衡对称的构图模式

4.3.3 墙体艺术特色

哈尔滨新艺术建筑的墙体设计手法多样，不但在建筑墙体上创造了典型的装饰符号，而且，通过自身的形体造型以及装饰构件的处理表现了十足的个性。

1. 柔和流畅的构件交接

在哈尔滨新艺术建筑中，当阳台、屋顶、檐口水平构件与墙体、壁柱等垂直构件交接时，其连接处理为避免过于生硬，往往通过采用一些过渡性的转折处理，从而弱化二者之间的界限，将二者自然有机的联系成一个整体。如当阳台与墙体相接时，阳台底部两侧的承托构件均采用自由的曲线造型，曲线一端连接并嵌入阳台，另一端与墙体逐渐平行相切，最后消隐于墙体之中，承托构件与墙体之间的界限模糊，阳台似乎像从墙体中生长出来一样，从而在视觉上加强了阳台与墙体的联系，如中央大街 42—46 号建筑（图 4.3.8a）。当檐口与墙体连接时，同样采用模糊界限的手法，如原东省特别区地方法院与原中东铁路督办公署，托檐石上部承托檐口下部相切融于墙身之中，从而弱化檐口与墙体之间的界限，加强檐口与墙体连接的柔和性，托檐石表面还带有典型的三条竖线的新艺术装饰（图 4.3.8b、图 4.3.8c）。当壁柱与檐口相接时，同样相切连接，消隐界限，如原扶轮育才讲习所（图 4.3.8d）。除了上述常见的构件交接外，在其他一些细微之处如入口上部挑檐的两侧支撑构件，同样通过采用消隐融合的做法将曲线造型的构件和墙体悄然融合。如位于花园街 405—407 号的原中东铁路高级职员住宅，通过柔和的交接处理，入口横檐和墙体紧密地联系住了一起（图 4.3.8e）。在有些建筑中，构件的交接甚至没有界限，直接将二者连接在一起，如原中东铁路技术学校，入口中心两侧的壁柱被处理成流动的曲面状，向上越过檐口与女儿墙柔和的连接为一体，从而打破了檐口的连续性，向下则与墙面融为一体而悄然消失。入口两侧的墙身壁柱向下自由落体后水平伸展将台阶环抱其中，并配合新艺术风格的弧状入口大门，有一气呵成的气势。建筑立面构件间的界限被模糊消隐，柔和流畅的形态融为一个难以分割的整体（图 4.3.8f）。

a 中央大街 42—46 号建筑

b 原东省特别区地方法院

c 原中东铁路督办公署

d 原扶轮育才讲习所

e 花园街 405—407 号住宅

f 原中东铁路技术学校

图 4.3.8 柔和流畅的构件交接

2. 标志性的几何图形母题

几何图形装饰是哈尔滨新艺术建筑中最常出现的装饰母题，其典型形态为两三个不同大小的圆形相套并多呈内切状，下垂三条直线。竖向的直线以凸凹两种形式表现，中间一条略长，端部常常以圆点作为结束。这种符号可以看作是对古典爱奥尼柱式的抽象与变形；圆环象征着柱头的涡卷，直线象征着柱身。这一固定化、标准化的装饰符号被广泛地运用于各种建筑的不同部位，成为哈尔滨新艺术建筑墙体上最为典型的标志性符号。

在哈尔滨新艺术建筑发展后期，这一典型的标志符号逐渐发生衍生变异，从而产生了更多的符号类型，如同心圆环型（图4.3.9a、图4.3.9b）、内切圆环型（图4.3.9c～图4.3.9f）、圆面型（图4.3.9 g～图4.3.9j）、圆线颠倒型（图4.3.9k）、圆与横线线条组合型（图4.3.9l）、双圆分离型（图4.3.9m）六种形态。也有半圆形与竖线组合的案例（图4.3.9n）同时在圆与竖线的应用逻辑上，也开始出现了独立应用的情况，如图4.3.9o、图4.3.9p仅采用圆形作为装饰，图4.3.9q～图4.3.9s仅采用三条竖线作为装饰，并且竖线的尽端多采用或大或小的圆形作为结束。

除了圆形与三条直线组合的典型装饰外，哈尔滨新艺术运动建筑的檐下、窗口附近还经常装饰有连续的圆形、方形装饰，这些圆形或方形的装饰数量上一般为三个，带有典型的欧洲分离派新艺术特色，如中央大街42—46号建筑、原日本朝鲜银行哈尔滨分行、原契斯恰科夫茶庄等（图4.3.10）。

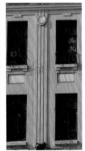

a 中央大街 69 号建筑　　b 原扶轮育才讲习所　　c 东大直街 267—275 号建筑　　d 经纬街 73—79 号住宅　　e 尚志大街 110—124 号建筑　　f 西十二道街建筑　　g 中央大街 42—46 号建筑

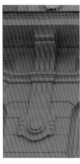

h 东大直街 281 号建筑　　i 原东省特别区地方法院　　j 邮政街 305 号住宅　　k 马迭尔宾馆　　l 马迭尔宾馆　　m 原中东铁路管理局

n 原扶轮育才　　o 原密尼阿久尔　　p 经纬街　　　　q 中央大街　　　r 原密尼阿久尔茶食店　　s 原日本国际运输株式会社
　讲习所　　　　　茶食店　　　　　81—99 号　　　42—46 号　　　　　　　　　　　　　　　　哈尔滨分社
　　　　　　　　　　　　　　　　　住宅　　　　　　建筑

图 4.3.9　标志性几何图形母题

a 中央大街 42—46 号建筑　　　b 原日本朝鲜银行哈尔滨分行　　　c 原契斯恰科夫茶庄

图 4.3.10　典型的圆形与方形装饰

3. 个性化的植物图案装饰

植物图案不仅作为新艺术建筑装饰符号和表现手段而存在，它还以鲜明的特质和蓬勃的生命力而存在。在哈尔滨的新艺术建筑中，有各种材质和形态的植物图案，并且在墙体的各个部位都发挥着独特的作用。不同的植物图案给人以不同的视觉和心理感受，并产生与其视觉或触觉特性相吻合的特征，如沉重感、亲切感、坚实感、冷漠感、轻盈感、虚幻感、温馨感等。哈尔滨新艺术建筑中的植物图案母题主要以花朵形、草叶形形式居多。花朵形的植物图案中包括百合、鸢尾、旋花、玫瑰和罂粟等；草叶形植物图案包括宽叶草，卷叶草等，各种类型的植物图案装饰极大地丰富了建筑的立面，产生了极强的视觉效果，如东大直街 267—275 号建筑、原契斯恰科夫茶庄等（图 4.3.11）。

除上述的花朵、草叶装饰外，在一些建筑的设计图纸中，我们还发现了带有植物的丝条藤蔓装饰，如原中东铁路技术学校的入口墙面，原中东铁路高级官员住宅与一些高级职员住宅的檐下等，这些丝条藤蔓装饰的植物特点更加突出，其新艺术特色也更加明显（图 4.3.12a ～图 4.3.12c）。除了丰富的植物图案外，很多建筑还采用了人像

a 东大直街 267—275 号建筑

b 原契斯恰科夫茶庄

c 原中东铁路管理局宾馆

d 原中东铁路管理局宾馆

e 原中东铁路督办公署

f 原中东铁路商务学堂

图 4.3.11　个性化的植物图案装饰

作为装饰母题，造型典雅精致的人物头像，给人们带来更强的视觉冲击，因而也成了一种固定的装饰母题，如原中东铁路技术学校、六顺街 77 号建筑等（图 4.3.12d、图 4.3.12e）。

（4）轻巧灵动的金属装饰

轻巧灵动的金属装饰是新艺术运动风格的重要表现形式，抽象模仿动植物形态的金属构件装饰题材丰富，形态变化婉转。金属装饰与砖构、泥构、木构的装饰相比，制作更为精湛，表达更为自由、光线落影更为优美，装饰效果更加突出，成为新艺术建筑墙体上一种强有力的表现手法。原东省特别区地方法院的墙体采用水平分割，给人感觉厚重沉稳；在二层墙身壁柱中间设置一排金属装饰，犹如植物枝干，向上生长之后向外倾斜而出，金属装饰两侧如花朵般的曲线丝蔓，婉转自然。金属构件的运用削弱了建筑的沉稳感，使建筑变得轻巧灵活，与新艺术建筑性格相吻合（图 4.3.13a）。

原莫斯科商场壁柱顶部同样带有金属装饰，金属装饰构件正面上宽下窄，侧面上窄下宽，就像一颗在墙面上娇娇欲坠的水滴，金属装饰物件丰腴肥硕的曲线造型与建筑本身敦厚的形态相得益彰（图 4.3.13b）。

原哈尔滨火车站在立面转角的顶部附一标志性金属装饰构件，通过直线和曲线连接于墙体转角处，金属装饰犹如动物的四足盘附在建筑上。站内转角的站名文字犹如动态的平面设计，俄文字体婉转有力，中文"秦家岗"字体纤弱灵动，再配上周围的曲线和花瓣装饰，使建筑的新艺术特点表现得淋漓尽致（图 4.3.13c、图 4.3.13d）。

  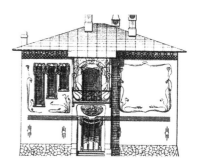

a 原中东铁路技术学校　　　　b 原中东铁路高级官员住宅，公司街　　　　c 原中东铁路高级职员住宅

d 原中东铁路技术学校　　　　　　　e 六顺街 77 号建筑

图 4.3.12　墙面植物藤蔓与人物头像装饰

a 原东省特别区地方法院　　b 原莫斯科商场　　c 原哈尔滨火车站　　d 原哈尔滨火车站

4.3.13　轻巧灵动的金属构件装饰

（5）圆润自然的建筑转角

新艺术运动的建筑注重延续性和流动性，因此在墙体的转角处理上采用抹圆的处理方式，从而柔化两个方向墙体之间的界限，加强两个方向之间的延续流动。这类墙体处理方式仍可在原哈尔滨商务俱乐部与买卖街 92 号建筑上看到。抹圆的转角使建筑显得自然柔和，增加了亲和力和表现力。此外，为表现圆润自然，也常通过将悬挑的阳台转角做抹圆处理，同样加强了两个方向墙体之间的流动延续感，如原连铎夫斯基私邸上宽大圆润的阳台造型，使突出的墙体部分显得柔和自然生动（图 4.3.14）。

4.4 流畅飘逸的女儿墙

女儿墙作为整个建筑体量的结束，它的形态特征对整个建筑的性格起着举足轻重的决定作用。哈尔滨新艺术建筑女儿墙通过曲直线的组合变化、装饰母题的使用以及不同构成要素相互结合等手法的灵活运用，使女儿墙呈现出流畅飘逸的特色。

4.4.1 构成要素

女儿墙的构成要素按形态划分主要包括实体墙、片断墙、墙垛、金属栏杆和局部独立突出体。这些基本要素经过细致的处理和精妙的组合，共同塑造了哈尔滨新艺术建筑女儿墙独特的装饰语言。

实体墙是指整个建筑女儿墙由完整的墙面构成，它多与建筑墙体的材料保持一致。装饰图案也直接在实体墙上进行雕刻，或凹进或凸出；外观轮廓或为一气呵成的直线，或为流动飘逸的曲线，或直线与曲线结合，厚重而不失灵巧，与整个建筑搭配和谐且浑然天成（图 4.4.1a、图 4.4.1b）。

当建筑的女儿墙由部分实体墙和其他女儿墙构成要素结合出现时，称这部分实体墙为片断墙。片断墙一般常与墙垛或金属栏杆组合共同构成女儿墙，它的多寡赋予了女儿墙或沉稳内敛，或通透灵动的建筑性格。为追求艺术效果，有时会将片断墙进行精雕细刻，曲直线交替出现，形成富有特色的墙体突出物（图 4.4.1c）。

墙垛是构成哈尔滨新艺术建筑女儿墙中不可或缺的一部分，在哈尔滨新艺术建筑中，几乎大部分女儿墙都设有墙垛，且墙垛形状千变万化。新艺术装饰符号明显，与女儿墙的其他建筑构成要素组合，最终形成哈尔滨新艺术建

a 原哈尔滨商务俱乐部　　　　　　b 买卖街 92 号建筑　　　　　　c 原连铎夫斯基私邸

图 4.3.14 圆润自然的建筑转角

筑别具一格的女儿墙形态（图4.4.1d～图4.4.1i）。

极富装饰性的金属栏杆不但常见于阳台、楼梯等部位，在女儿墙中也被大量使用。结合植物纹样或是动物纹样而设计的金属栏杆使得女儿墙更加生动，新艺术韵味十足。通透灵动的金属栏杆与厚实稳重的墙体、墙垛等的结合赋予了女儿墙活泼灵动、复杂多变的艺术气息（图4.4.1j～图4.4.1k）。

局部独立突出体主要指女儿墙中的屋顶突出物和墙体突出物。由于它的存在使女儿墙重点突出，打破秩序的制约，协调统一中求变化，如跳动的音符般给女儿墙的造型带来惊奇感。它的出现还可强化建筑的重点部位，使建筑主次分明且松弛有度（图4.4.1l～图4.4.1m）。

a 原哈尔滨商务俱乐部

b 原中东铁路管理局宾馆

c 满洲里街33号住宅

d 阿什河街65号建筑

e 经纬街73—79号住宅

f 西十二道街26号建筑

g 原中东铁路管理局

h 原中东铁路管理局

i 原中东铁路管理局宾馆

j 中央大街2号建筑

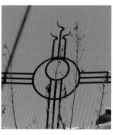
k 原密尼阿久尔茶食店

l 下夹树街23号住宅

m 邮政街349号建筑

4.4.1 女儿墙的构成要素

4.4.2 构成形态

哈尔滨新艺术建筑女儿墙的形态多变，其关键在于女儿墙基本构成要素的组合方式不同。这些多样化的女儿墙构成形态，往往与建筑的立面构成密切相关，并直接影响到建筑风格特色的表达。

1. 实体墙

整体为实体墙的女儿墙在哈尔滨的新艺术建筑中并不多见。其女儿墙形态多以直线形出现，有时会结合灵动的曲线形出现，外形简洁且高低错落有序。实体墙给整个女儿墙外观以庄重内敛的气质（图4.4.2）。实体墙构成的女儿墙往往一气呵成，无过多装饰，随立面墙体的主次划分而强调重点，外观形象与整栋建筑浑然一体。位于上游街23号的原哈尔滨商务俱乐部的女儿墙由一整片墙构成，女儿墙的起伏依外墙轮廓而定，主入口处点缀曲线以突出视觉中心，同时借助哈尔滨特有的新艺术装饰符号进一步强调重点部位。整栋建筑庄重沉稳、主次分明（图4.4.2a）。东大直街267—275号建筑的女儿墙由立面墙体直接上升而成，饰以简单新艺术装饰符号元素，在转角处的女儿墙用简单的涡卷曲线进行划分，高低错落有致，整个建筑外观简洁有力、落落大方（图4.4.2b）。

2. 墙垛 + 片断墙

墙垛与片断墙组合的女儿墙整体感觉与实体墙很像，与实体墙不同的是通过墙垛的高矮、片断墙的宽窄不同组合可以使女儿墙的造型更加灵活多变，而墙垛的突出使得女儿墙立体关系和光影感更强，避免了实体墙处理不当造成的呆板乏味。此外，这些部位往往装饰有精雕细刻的新艺术建筑符号。这样女儿墙充满了节奏感和标志性，极具观赏价值。片断墙的灵活处理、长短变化以及墙垛的高低变化赋予了女儿墙灵动的韵律，新艺术符号的点睛运用，则使女儿墙如展开的画卷令人赏心悦目（图4.4.3）。

3. 墙垛 + 金属栏杆

墙垛与金属栏杆的结合在哈尔滨新艺术建筑中出现得比较多。金属栏杆的大量运用一改常见女儿墙的庄重内敛，整体造型活泼灵动。金属栏杆与墙垛的结合往往有主有次，有简有繁，重点装饰部位在金属栏杆，墙垛只起界定作用。由于以金属栏杆为主，因此女儿墙整体显得更为通透。自然流畅的金属栏杆与粗线条勾勒的墙垛展现了女儿墙灵动

a 原哈尔滨商务俱乐部

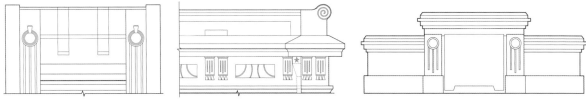

b 东大直街267—275号建筑　　　　　　　　　　　c 邮政街305号住宅

4.4.2 实体墙女儿墙

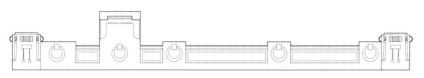

a 耀景街 43-9 号住宅

b 满洲里街 33 号住宅

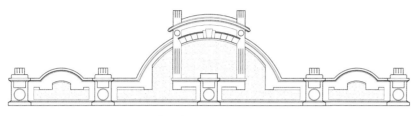

c 东大直街 281 号建筑

d 原秋林公司道里商店

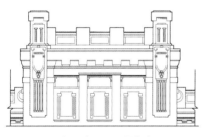

e 耀景街 43-9 号住宅

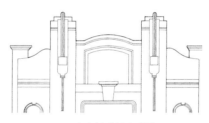

f 原中东铁路技术学校

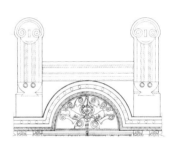

g 南勋街 278—280 号建筑

图 4.4.3　墙垛 + 片断墙式女儿墙

飘逸的艺术美。如位于中央大街 104 号的原阿基谢耶夫洋行女儿墙，主入口上部大型金属构件由两个同心圆内包一个小内切圆为基本框架；在合适位置借助干脆利索的直线条架起金属花瓣，并在其下坠有三条极具新艺术符号的直线条装饰；主入口两侧的女儿墙上的金属栏杆则相对简单，起到很好的陪衬作用。整个女儿墙外观自由、通透、灵动，如妙舞清歌般动人心弦（图 4.4.4）。

4. 坡屋面 + 墙体突出物

坡屋面与墙体突出物的组合类型并不常见。墙体突出物可以起到强调建筑重点部位的作用，且它的出现可以打破坡屋面过于统一呆板的弊端。突出物造型多样，有三角形、半圆形、拱形、不规则形等（图 4.4.5），不同的突出物造型给了建筑不同的性格特征，沉稳有之，活泼亦有之。位于道里区石头道街 81—91 号的原东省特别区地方法院建筑形体高大，为突出转角空间，不但

图 4.4.4　原阿基谢耶夫洋行女儿墙

a 邮政街 349 号建筑

b 原东省特别区地方法院

c 邮政街 271 号住宅

d 邮政街 271 号住宅

4.4.5 坡屋面 + 墙体突出物式女儿墙

在墙体上进行了处理而且在女儿墙处理上也颇有心思，其在建筑转角两侧将墙体直接升起为女儿墙做圆拱状并饰以新艺术元素符号，拱内开小窗，两圆拱墙之间墙体做过渡双曲线至合适位置砌平直细小挑檐，外观简洁大方，主入口清晰明了（图 4.4.5b）。

5. 墙垛 + 片断墙 + 金属栏杆

墙垛、片断墙与金属栏杆三者结合的实例很多。片断墙的形体变化丰富，或高或宽，有简有繁，因此比起墙垛 + 金属栏杆来说，就更为丰富多姿。一般多出现在与建筑重要部位相对应的女儿墙处。这种组合一般有三种不同的表现方式：其一，三者紧密结合为一体，墙垛与片断墙组合后，再在其上增加金属栏杆，以强调此处女儿墙的特殊性与重要性。如建筑转角、入口、端部的上方（图 4.4.6a、图 4.4.6b）；其二，墙垛与片断墙作为一个组合单元，通透的金属栏杆作为另一个组合单元，两个单元依次排列，虚实变化，整个女儿墙韵律感、动感十足（图 4.4.6c ～ 图 4.4.6l）；其三，墙垛与金属栏杆作为一个组合单元，而片断墙作为独立的单元常位于建筑完整立面的两端，有收尾之意。这样的女儿墙保持了通透的个性，同时变得更加丰富灵活。整个建筑远远看去灵动有趣、虚实对比强烈，韵律节奏感也更强（图 4.4.6m）。

6. 墙垛 + 片断墙 + 砖砌栏杆

墙垛、片断墙、砖砌栏杆三种元素组合成女儿墙的实例在哈尔滨的新艺术建筑中相对较少。砖砌栏杆有的镂空，有的不镂空（图 4.4.7）。这里以道里区西十二道街 40 号的建筑女儿墙为例，此建筑女儿墙的片断墙处理较其他新艺术建筑的片断墙并无太大新意。但其墙垛与砖砌栏杆的处理却与众不同，其墙垛由建筑的墙体直接生成，墙垛收尾处做层层退台处理，其上装饰有哈尔滨常见新艺术建筑元素异质同构的符号，且直线条延续到立面墙体。砖砌栏杆为实体，其下部曲线形体的塑造使得看似普通的砖砌栏杆变得自由活泼，给建筑增添了一丝灵动的意味（图 4.4.7f）。

7. 墙垛 + 片断墙 + 金属栏杆 + 砖砌栏杆

原中东铁路管理局办公大楼集墙垛、片断墙、金属栏杆、砖砌栏杆四种构成元素于一身，且同一元素在同一栋建筑中因部位不同亦有不同的表现形式。如墙垛线脚装饰有的只有简单的三条竖线，有的端部做成涡卷状并紧贴其外缘曲线内刻三条直线，有的在墙垛端部做外凸同心圆装饰，其下紧跟五条中间长两端短的直线；金属栏杆也有抽象的直线形几何纹样与曲线形几何纹样。整栋建筑女儿墙部分虚实相间，时而粗犷，时而精致，赋予建筑主次分明的建筑天际线。由于在其间不停地转换运用了大量不同的经典新艺术建筑装饰语言符号，因此这类女儿墙的新艺术味道十分浓厚（图 4.4.8）。

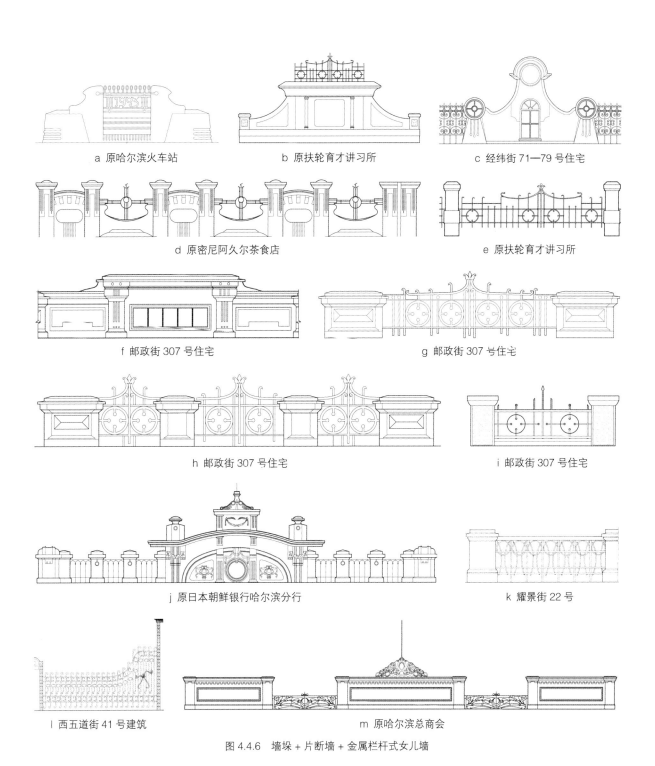

a 原哈尔滨火车站

b 原扶轮育才讲习所

c 经纬街 71—79 号住宅

d 原密尼阿久尔茶食店

e 原扶轮育才讲习所

f 邮政街 307 号住宅

g 邮政街 307 号住宅

h 邮政街 307 号住宅

i 邮政街 307 号住宅

j 原日本朝鲜银行哈尔滨分行

k 耀景街 22 号

l 西五道街 41 号建筑

m 原哈尔滨总商会

图 4.4.6 墙垛 + 片断墙 + 金属栏杆式女儿墙

a 阿什河街 93 号建筑

a 实体女儿墙

b 靖宇街 383 号建筑

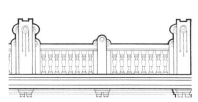

c 靖宇街 383 号建筑

b 半通透女儿墙

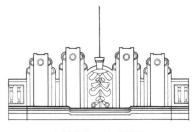

d 靖宇街 383 号建筑

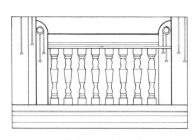

e 靖宇街 383 号建筑

c 金属构件女儿墙

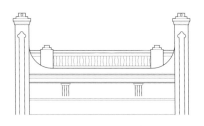

f 西十二道街 40 号建筑

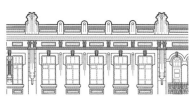

g 靖宇街 245 号建筑

4.4.7　墙垛 + 片断墙 + 砖砌栏杆式女儿墙

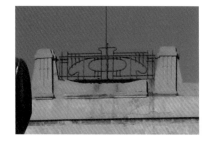

d 金属构件女儿墙

4.4.8　原中东铁路管理局大楼女儿墙

8.墙垛 + 片断墙 + 局部独立突出体 + 金属栏杆

墙垛、片断墙、突出物及金属栏杆组合的新艺术建筑女儿墙实例也不多，代表实例有原莫斯科商场与马迭尔宾馆。马迭尔宾馆在建筑转角主入口的穹顶前端随穹顶凸起以圆弧形的女儿墙，线脚装饰丰富；其片断墙有的为实体，有的虚实相间，均为自由曲线形；有的装饰有爱奥尼柱头的涡卷造型的变体。线脚刻画细腻，片段墙体上刻以新艺术建筑元素符号（图4.4.9a、图4.4.9b）。原莫斯科商场的屋顶为突出新艺术气息亦装饰有金属栏杆（图4.4.9c）。

4.4.3 艺术特色

由于哈尔滨新艺术建筑女儿墙的部位特殊性，人们很容易清晰地感受到它的形态特征，因此它的艺术感染力和符号化的标志性就更为突出。同时因为形态的多变性与复杂性，使得它更丰富、更具艺术魅力。

1.易读可识的标志符号

在哈尔滨的新艺术建筑中，具有典型特色的新艺术装饰符号——大小不同的圆环相套，下垂三条直线的形态，在女儿墙的装饰中随处可见、特色极为鲜明。且这些装饰符号在不同建筑的女儿墙中结合其特定部位的造型，有着不同的表现形式，产生了不同的变体。一般来说多为圆形与直线条两种元素结合应用，但组合方式不同（图4.4.10）。其间也穿插圆形、涡卷形、花饰等元素来装饰女儿墙的墙垛、局部独立突出体等，创造出一些既生动又有个性的装饰形态。如原中东铁路管理局办公大楼女儿墙在转角处将墙垛的端部处理成方向性很强的涡卷造型，而中间部分的女儿墙平直简洁，以及涡卷边三道短短的装饰直线都与其产生强烈的对比，动感十足，装饰效果非常明显（图4.4.10h）。道里区西十二道街26号与道外区靖宇街325号的女儿墙也都是这种表达方式，只是前者水平装饰横线条显得更为突出（图4.4.10i、图4.4.10j)。

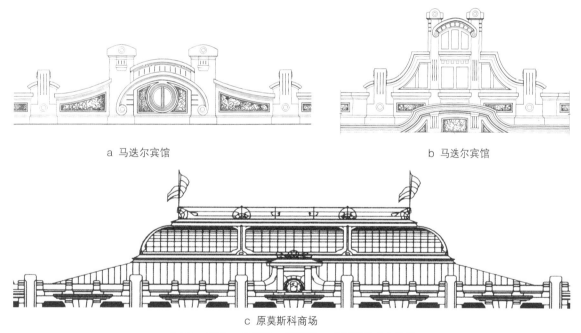

a 马迭尔宾馆

b 马迭尔宾馆

c 原莫斯科商场

4.4.9 墙垛 + 片断墙 + 突出物 + 金属栏杆式女儿墙

a 原东省特别区地方法院　　　b 原中东铁路管理局　　　c 尚志大街 110—124 号建筑

d 原阿基谢耶夫洋行　　　e 西十四道街 24—28 号建筑　　　f 东大直街 281 号建筑

g 靖宇街 245 号建筑　　　h 原中东铁路管理局　　　i 西十二道街 26 号建筑

j 靖宇街 325 号建筑　　　k 下夹树街 23 号住宅　　　l 原秋林公司道里商店

m 中央大街 42—46 号建筑　　　n 西十二道街 40 号建筑　　　o 耀景街 43-9 号住宅

图 4.4.10　女儿墙装饰符号

此外，女儿墙与门窗和墙面等部位一样，大量运用自由曲线造型，形成线条流畅的视觉效果，把这种最能表现新艺术特色的装饰语言发挥到极致。这种自由的曲线结合建筑造型自由弯转，如音乐符号般灵动跳跃，与上述圆和三竖线组合的符号一样，已成为哈尔滨新艺术的一种标志符号（图 4.4.11）。

2. 细腻丰富的线脚装饰

哈尔滨新艺术建筑位于主入口上方的女儿墙为突出入口空间，较其他部位的女儿墙高，往往会有意对此部位进行精雕细刻，装饰线脚细腻丰富（图 4.4.12）。原中东铁路管理局宾馆主入口女儿墙造型独特、外观精美。其女儿墙由墙垛和片断墙两种元素组成。墙垛造型独特，装饰线脚凹凸有致，下方以叶片饱满的卷叶草承托整个墙垛，卷叶草郁郁葱葱生机盎然的形态使得厚重的墙垛变得轻巧舒展，墙垛远观如塔状。中间弧线形造型别致，黄白相间，白色部分为涡卷造型，两侧圆形结束端内刻有形态饱满的花朵。弧形上方为抽象写实的植物花卉，花蕊自由翻卷有力，栩栩如生。整个涡卷刻画细腻，形成透空椭圆形的半环绕，虚实对比充满诗意（图 4.4.12b）。

哈尔滨新艺术建筑除对主入口女儿墙的装饰给予高度重视，重点强化之外，也不乏对整个建筑女儿墙的装饰都进行细致刻画的。现存建筑实例虽然不多，但马迭尔宾馆建筑女儿墙应是其中的代表。其整个女儿墙以自由灵动的曲线为主，线脚装饰别具匠心、弯曲柔和且充满动感，似波澜起伏的朵朵浪花浅唱低吟，似高潮迭起的五线谱流动跳跃，似浓密秀美的卷发流畅飘逸（图 4.4.12c ～ 图 4.4.12f）。在女儿墙一些重点部位的透空处理，更显其优雅浪漫。

a 地段街 77 号建筑

b 原中东铁路管理局宾馆

c 原哈尔滨工业大学学生宿舍

d 满洲里街 33 号住宅

e 原中东铁路技术学校

f 原日本国际运输株式会社哈尔滨分社

4.4.11　自由曲线装饰符号

a 满洲里街 33 号住宅

b 原中东铁路管理局宾馆

c 马迭尔宾馆

d 马迭尔宾馆

e 马迭尔宾馆

f 马迭尔宾馆

图 4.4.12 细腻丰富的线脚装饰

3. 清新明快的节奏韵律

新艺术建筑擅用自由浪漫的卷曲线条，无论金属栏杆、木材，还是混凝土等建筑材料，其曲线的运用随处可见。材料的变化通过曲线的统一，极易形成清晰的节奏韵律（图 4.4.13）。位于中央大街 85 号的原密尼阿久尔茶食店顶部女儿墙由墙垛、片断墙和金属栏杆三种元素构成。自由活泼的金属构件与曲线透空的片断墙通过实墙垛相连，渐次排列、虚实变换，自由流畅，造型新颖活泼，节奏韵律感极强，虚实相间的诗意对比令人赏心悦目（图 4.4.13a）。位于道里区西十二道街 26 号建筑的女儿墙，虽无明显自由浪漫的曲线，亦无造型独特的金属构件，但仅是凭墙垛和片断墙的高低错落组合与新艺术装饰符号的巧妙搭配，便奏出了一曲抑扬顿挫的旋律（图 4.4.13b）。道里区东风街 19 号建筑的女儿墙，通过简洁舒展的翻转弧状曲线墙造型来塑造节奏韵律感，同样也取得了非常好的艺术效果（图 4.4.13c）。

4. 轻快舒展的立面轮廓

新艺术建筑女儿墙中流畅灵动的曲线运用，打破建筑立面檐部轮廓线的单调平直，可以使建筑立面产生轻快舒展的效果。原南满铁道"日满商会"建筑主入口的女儿墙通过竖直上升的墙体壁柱将整个片断墙划分为三部分，片断墙呈中间高两端低的波浪形，利用曲线的高低变化突出建筑立面的中心，高起部分的片断墙下开三个花瓣式小窗。远远望去墙体舒展、主次分明，屋顶轮廓线流畅飘逸（图 4.4.14a），道外区北头道街 25—27 号建筑的女儿墙，建筑立面两端呈圆润曲线的女儿墙，由高到低地自由下落，分别与对称中心轴线上的低矮女儿墙相接。由于建筑立

a 原密尼阿久尔茶食店

b 西十二道街 26 号建筑

c 东风街 19 号建筑

图 4.4.13 清新明快的节奏韵律

a 原南满铁道"日满商会"

b 北头道街 25—27 号建筑

c 中央大街 46 号建筑

d 原扶轮育才讲习所

e 兆麟街 121 号建筑

f 果戈里大街 167 号建筑

g 原陀思妥耶夫斯基中学

h 原莫斯科商场

i 原俄侨事务局

4.4.14 轻快舒展的立面轮廓

面为对称布局，且主入口恰好就在中心对称的女儿墙下方，因此，造型简洁的曲线形女儿墙就起到了强化建筑对称性和突出主入口的作用；并使建筑立面轮廓轻快舒展，建筑造型优美大方（图 4.4.14b）。原扶轮育才讲习所与果戈里大街 167 号建筑的女儿墙，均是利用主入口上方女儿墙轮廓的巧妙处理来塑造哈尔滨新艺术建筑的个性（图 4.4.14d、图 4.4.14f）。这种处理方式在哈尔滨的其他新艺术建筑中也可以看到。

5. 华美多姿的装饰绣边

哈尔滨新艺术建筑用金属材料制作栏杆的案例不胜枚举。将这种装饰手法运用在建筑的女儿墙上，可以使建筑屋顶边沿形成一道秀美的装饰链。女儿墙金属构件的造型图案通透明晰，有生机勃勃的植物纹样，也有具象的动物纹样以及抽象的几何纹样（图4.4.15）。田地街99号的原哈尔滨总商会建筑的女儿墙金属栏杆的植物花卉栩栩如生，两侧花卉图案弯向中间的三个半径不等的内切圆，内切圆上方分出两个破土而出的嫩芽，整个图案无论植物的茎叶还是含苞待放的花朵均自然弯曲，尽端的弯钩尽显植物生长动势，活灵活现（图4.4.15a）；女儿墙金属栏杆中的动物纹样活泼轻快，建筑师通过简练的线条抓住了动物的外形轮廓，形神兼备。女儿墙生动活泼的装饰纹样将整栋建筑装点的轻松自然，生机盎然（图4.4.15b、图4.4.15c）。抽象几何纹样金属栏杆的装饰纹样常常直曲线结合，端部有时有较小的弯钩，图底关系往往有一定的意象性，如果戈里大街353号住宅的女儿墙金属栏杆的端部有较小的弯钩，中间部位较高，有突出的视觉中心，形态很像一朵刚要绽放的花朵（图4.4.15d）。原中东铁路管理局办公大楼女儿墙的做法与此极为相像，只是在纵横金属杆件的交叉处做成圆状节点，弱化了直线条交接的生硬，表现出柔美的效果（图4.4.15e）。再如邮政街307号住宅女儿墙金属栏杆通过圆形、曲线形、直线形栏杆的有机组合，给建筑的立面增添了优美的轮廓线（图4.4.15g）。

6. 混搭杂糅的折中风格

哈尔滨的近代建筑较多地表现为折中主义风格。新艺术建筑中往往也混搭与杂糅了其他风格的建筑元素，如马迭尔宾馆，原中东铁路管理局宾馆等。随着新艺术建筑文化的流行，新艺术建筑符号从相对集中的南岗区与道里区扩散到了道外区。受中国传统建筑文化的熏陶，新艺术建筑装饰符号多被变形，并以一种独特的语言符号呈现在道外的近代建筑上。如位于道外区南二道街41—43号的建筑女儿墙充满了新艺术建筑的标志性语言及符号衍生体，其植物花卉也一改新艺术简练概括的线形轮廓，刻画细腻丰富饱满；哈尔滨特有的新艺术语言在这栋建筑上也有表现，其用传统中国结代替新艺术惯用圆形下垂三条直线的造型外观奇特但韵味犹存（图4.4.16a～图4.4.16c）。再如位于道外区靖宇街383号建筑的主入口女儿墙部分，由砖垛与片断墙组合而成，墙垛外形如中国结，内部装饰有典型的哈尔滨新艺术建筑装饰符号，片断墙内部还刻有简练的植物纹样和动物图案，形态逼真、趣味性十足。这种混搭杂糅的折中风格也是哈尔滨新艺术建筑女儿墙区别于其他地区建筑的艺术特色（图4.4.16d）。

4.5 丰富多变的檐部

哈尔滨新艺术风格的特征渗透到建筑的各个组成部分，从建筑的檐部也可以找到一些新艺术装饰符号。这些檐部的装饰符号往往与建筑墙面、顶部边缘女儿墙、建筑屋面等结合在一起，共同来塑造哈尔滨新艺术建筑的艺术风格。

4.5.1 形态构成

一般来说，檐部的构成要素主要有托檐石、托檐板和檐部装饰三种。托檐石主要为砖砌，并饰以带有新艺术语言的浅浮雕；托檐板是哈尔滨新艺术木构建筑所独有的，它的出现受俄罗斯木构建筑所影响，其功能与托檐石无异，但因其木构材料的优势使得其外观形态较托檐石更具装饰性和艺术性。

由于建筑檐部的构成要素不同，哈尔滨新艺术建筑的檐部形态复杂多样，从形态构成上大致可以划分为三种。

a 原哈尔滨总商会　　　　　b 原契斯恰科夫茶庄　　　　c 中央大街 2 号建筑

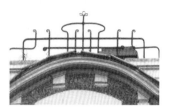

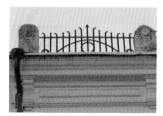

d 果戈里大街 353 号建筑　　e 原中东铁路管理局　　　　f 上游街 33—35 号建筑

g 邮政街 307 号住宅　　　　h 原扶轮育才讲习所　　　　i 经纬街 73—79 号住宅

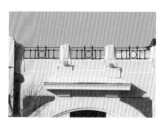

j 红军街 64 号建筑　　　　　k 原莫斯科商场　　　　　　l 原莫斯科商场

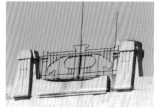

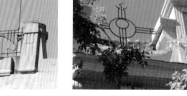

m 西十二道街 16 号建筑　　n 原中东铁路管理局　　　　o 原密尼阿久尔茶食店

4.4.15　通透明晰的金属构件装饰

a 南二道街 41—43 号建筑　　b 南二道街 41—43 号建筑　　c 南二道街 41—43 号建筑　　d 靖宇街 383 号建筑

4.4.16　折中风格的女儿墙

1. 间断的檐部

间断的檐部主要有两种类型：一是在哈尔滨的一些新艺术建筑中，有时会把墙垛或者墙体直接升起为女儿墙。为划分立面墙体，并产生光影，追求立面的艺术效果，在墙垛之间常饰以间断的檐部。这种类型的檐部一般出挑较小，其排水功能已不明显，可以认为其主要用作立面墙体的装饰构件（图 4.5.1a ～图 4.5.1c）。二是为增加建筑层次，追求立面艺术表现力，有时会在女儿墙的上部依据女儿墙的造型做出挑不深的檐部，这时的檐部也已成为纯装饰性的构件（图 4.5.1d ～图 4.5.1i）。

a 原中东铁路管理局　　　　　b 原莫斯科商场　　　　　　c 原中东铁路管理局宾馆

d 原东省特别区地方法院　　　e 邮政街 349 号建筑　　　　f 原日本国际运输株式会社
　　　　　　　　　　　　　　　　　　　　　　　　　　　　　哈尔滨分社

g 原日本朝鲜银行哈尔滨分行　h 原南满铁道"日满商会"　　i 原中东铁路管理局宾馆

4.5.1　间断的檐部

2. 连续的檐部

连续的檐部主要结合女儿墙而设计，檐部层层出挑，出挑深度大小一般视立面造型的需要确定。这种檐部在建筑立面上有着非常重要的作用，由于其水平长度比较大，因此经常将这类檐部每隔一定距离通过凸起或者间断做有节奏韵律的处理(图4.5.2)。如原哈尔滨商务俱乐部的建筑檐部，配合建筑立面在出檐上做向上凸起和内凹的小圆弧，形成非常有意味的水平装饰线，避免了檐部过长产生的单调乏味（4.5.2j）。此外，连续的檐部还设置细腻的装饰线脚来丰富其边缘，在檐下设置造型变化多样的托檐石，并常常饰以带有新艺术装饰元素的浅浮雕。因为檐下空间需要，有时会在托檐石之间点缀具有新艺术韵味的檐部装饰，这些檐部装饰与托檐石之间的排列主要以建筑立面墙体开窗作为前提，并充分考虑与建筑立面整体造型的关系。巧妙地处理好建筑的檐部，并利用这一部位来表现新艺术的装饰语言，不但可以使建筑极具装饰性和韵律感，同时也为哈尔滨新艺术建筑增添艺术色彩。

a 原中东铁路管理局宾馆

b 马迭尔宾馆

c 马迭尔宾馆

d 原秋林公司道里商店

e 原扶轮育才讲习所

f 下夹树街 23 号住宅

g 邮政街 305 号建筑

h 邮政街 349 号建筑

i 经纬街 73—79 号住宅

j 原哈尔滨商务俱乐部

4.5.2　连续的檐部

3. 木结构挑檐

木结构挑檐是哈尔滨新艺术建筑中所独有的一种形态。以哈尔滨中东铁路高级官员住宅为代表。这种住宅一般为两层，有突出的构图中心，高耸的屋顶檐口出挑深度很大，形成丰富的光影变化层次，檐下饰以木构托檐板，托檐板由自由的曲线与直线组合，造型优美新颖，舒展大方，极富秀丽浪漫的装饰感。在高耸的屋顶下方还有一层出挑深度不大的木结构挑檐，主要起到划分墙体的作用，其檐下装饰有造型简洁的曲线状托檐板，托檐板间直接用细小的圆木横向连接，两个托檐板之间的横向圆木通过三个短小的细圆木柱竖向连接成一个单元，这种两短一长的线状装饰语言恰恰与哈尔滨典型的新艺术装饰符号相一致。只是前者是以空间立体的形态出现，而后者基本上都是以平面的形态出现。这种木结构挑檐极具装饰性和艺术欣赏价值，是哈尔滨木构新艺术建筑中最具代表性的构成元素之一（图 4.5.3）。

4.5.2 艺术特征

哈尔滨新艺术建筑檐部形态多变，所表现出来的艺术特色也极具个性化，在大量的建筑实例中都可以看到不同艺术处理手法，尤其在一些建筑檐部的细部处理上，更是精益求精，细微之处散发出深厚的艺术魅力。

1. 丰富多变的装饰符号

檐部作为女儿墙与墙体的过渡，常常出挑出墙面，其下部的托檐石便起到了承托其挑出部分的作用。托檐石在兼具功能性的同时也特别注重自身造型的塑造。哈尔滨新艺术建筑中托檐石造型变化多端，且将其做成新艺术的标志性曲线造型的符号，或在其上装饰有极易识别的新艺术建筑符号，成为建筑立面上极为重要的装饰语言（图 4.5.4）。托檐石造型有的为横长条形、竖长条形、曲尺形等多种形态，有的则由墙垛或窗间墙直接升起而成。

原哈尔滨商务俱乐部建筑的檐部就由檐下的墙垛直接升起，末端呈向内卷曲的涡卷状，上边凸起一侧随檐部走势中间弧状凸起，弧起部分下端雕有凸起同心圆，再以圆形走势在其下内刻三条相等的直线条。整个托檐石处理精巧，尺度适宜，似匾额悬于窗间墙的两侧，增加了檐下空间的丰富性，为立面墙体带来一丝灵动（图 4.5.4q）。

原中东铁路管理局宾馆主入口的托檐石，其造型可谓独具匠心，分上下两部分，上部为简洁的方形体块，下部雕刻精美。以流畅线条装饰的涡卷开始，通过刻有

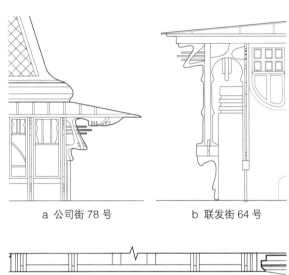

a 公司街 78 号   b 联发街 64 号

c 公司街 78 号

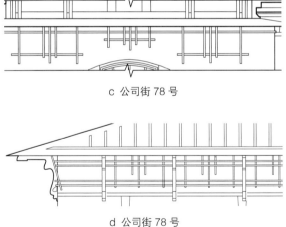

d 公司街 78 号

图 4.5.3　原中东铁路高级官员住宅木结构挑檐

植物纹样的浅浮雕自然过渡到下部，再通过一个涡卷状的圆柱体悬坠一串形态逼真的葡萄饰物，整个托檐石神似中国的如意造型，精巧别致，很好地装点了檐下空间（图4.5.4r）。

2. 灵动飘逸的形态语言

在哈尔滨新艺术建筑中经常可以看到带有植物纹样、动物纹样或是几何纹样的图形符号，但是富有创新精神的哈尔滨新艺术建筑师们并没有局限于这些传统形态的运用，在木构新艺术建筑设计中，打破传统建筑构件的结构逻辑，刻意运用抽象变形的曲线纹样，创造出类似一种动物骨骼状的全新新艺术装饰符号，并运用在木构新艺术建筑的檐部造型之中。

a 阿什河街 65 号建筑

b 地段街 108 号建筑

c 东大直街 267 号建筑

d 原契斯恰科夫茶庄

e 东大直街 267—275 号建筑

f 原契斯恰科夫茶庄

g 经纬街 81—99 号住宅

h 靖宇街 245 号建筑

i 靖宇街 267—273 号建筑

j 原哈尔滨商务俱乐部

k 原中东铁路管理局宾馆

l 马迭尔宾馆

m 靖宇街 383 号建筑

n 原丹麦领事馆

o 下夹树街 23 号住宅

p 原契斯恰科夫茶庄

q 原哈尔滨商务俱乐部

r 原中东铁路管理局宾馆

4.5.4 丰富多变的托檐石

公司街 78 号与红军街 38 号的原中东铁路高级官员住宅都采用了这种类似鱼骨骼的木构件，紧紧地连接着坡屋顶的挑檐与墙体。其端部似鱼骨头部的造型，灵活且有力度，形态生动奇特（图 4.5.5a、图 4.5.5b）。联发街 1 号与联发街 64 号的原中东铁路高级官员住宅檐下的木构托檐板修长苗条、曼妙多姿，似妙龄少女般亭亭玉立，轻轻托起上部的木结构挑檐（图 4.5.5c、图 4.5.5d）。这几栋新艺术住宅檐部的木构托檐板造型形态夸张，极具个性化，其形态给人以无限的想象空间，这种建筑的艺术魅力正是来源于新艺术建筑所追求的创新性艺术精神。哈尔滨所特有的木构新艺术建筑语言并不局限于这两种，如文昌街原中东铁路高级官员住宅将轻巧的托檐板凭借木材易于成形的特点雕刻成动感的波浪形，再结合细小的圆木构成直曲相间、纵横搭接的新艺术建筑语言，同样活泼有趣，蕴藏诗意（图 4.5.5e）。此外，红军街 38 号与联发街 1 号的原中东铁路高级官员住宅也运用了类似的新艺术建筑语言（图 4.5.5f）。

3. 理性精神的艺术表达

新艺术建筑的檐部下设置的大量托檐石，应该是檐部悬挑时作为结构支撑构件而出现的，但是由于建筑师将其进行了艺术化的加工处理，使其在发挥结构功能的基础上，又以建筑装饰构件的身份展示在建筑立面上。其中内在的理性精神已由艺术语言来表达（图 4.5.6）。

新艺术木构建筑的檐部，同样也是这种处理方式，与墙面垂直的不规则曲线片状托檐板，起到了支撑屋面檐口悬挑的结构作用，而水平横向联系的部分圆木杆件起到了连接垂直片状托檐板组成一体的作用（图 4.5.5f）。这些

a 公司街 78 号

b 红军街 38 号

c 联发街 1 号

d 联发街 64 号

e 文昌街

f 红军街 38 号

4.5.5 原中东铁路高级官员住宅灵动飘逸的木挑檐

a 经纬街 73—79 号住宅　　b 原东省特别区地方法院

c 南三道街 91 号建筑　　d 南二道街 41—43 号建筑

e 南二道街 41—43 号建筑　　f 邮政街 305 号住宅

4.5.6 理性与艺术相融的托檐石

木质托檐板构件装饰形态是与结构功能相协调统一的产物。在这里结构需求是第一位的，亦是建筑师理性思维的必然，其艺术表达的形态生成过程也是对理性思维结果进行艺术加工的过程。

4.6 特色鲜明的阳台

作为最能体现哈尔滨新艺术装饰风格特征的建筑细部要素之一，阳台不但承载着室内外空间转换的使用功能，同时也是建筑立面的重要装饰构件。并以其丰富多样的建筑材料、形态各异的装饰图案、自由灵动的优美曲线、多样统一的视觉效果为新艺术建筑风格的塑造起到点睛作用，具有强烈的个性及艺术表现力。

4.6.1 构成形态

阳台一般是由底板、立柱、栏杆和墙体等构件按照一定规律组合构成。通过这些构件自身的形体变化及其多样的组合方式塑造阳台的艺术风格。哈尔滨新艺术风格的阳台，其形态差异主要表现在栏杆的构成形态上，从以下几种特色鲜明的阳台构成形态可以看出，不同材料质感的阳台具有不同的艺术美感，不同材料之间的相互组合创造出不同的风格韵味。

1. 金属栏杆阳台

哈尔滨新艺术装饰风格的阳台大多数是由金属栏杆构成的。这类阳台是指栏杆完全由金属材料构成，造型丰富多变。有的呈现出向外凸出的圆弧状，宛如花瓶一样，温婉多姿，浪漫流畅；有的呈现出平直型的直上直下，简洁有序，大方得体。金属栏杆将铸铁技艺发挥到极致，令人称叹。同时，栏杆线条的运用自如，构件之间的完美交接，整体造型的通透细腻，处处渗透着新艺术风格的浪漫与情怀（图 4.6.1）。

马迭尔宾馆南立面阳台运用浪漫曲线和优美图案消解了金属构件本身的冰冷与呆板，并且以线和面的形态造型形成虚实对比，相互映衬。同时栏杆线条衔接自然流畅，浑然一体；整体造型通透感强，金属的植物叶片格外醒目，轻盈飘逸，雍容大方（图 4.6.1a）。相比栏杆的平直型造型，原扶轮育才讲习所通过金属构件的丰富曲线造型更加表现出阳台三维空间的立体美。金属栏杆下部向外凸出呈圆弧状，上部在扶手处向内收紧，生动地表现出金属构件的柔美与细腻，犹如一件精美绝伦的工艺品（图 4.6.1b）。

a 马迭尔宾馆南立面

b 原扶轮育才讲习所

c 经纬街 81—99 号住宅

d 经纬街 81—99 号住宅

e 中央大街 2 号建筑

f 中央大街 2 号建筑转角

g 邮政街 271 号住宅

h 邮政街 305 号住宅

i 地段街 101 号 建筑

j 西十一道街 55 号建筑

k 中央大街 146 号建筑

l 中央大街 117—121 号建筑

m 中央大街 157 号建筑

n 原契斯恰科夫茶庄

o 中医街 53 号建筑

p 经纬街 73—79 号住宅

q 西五道街 42 号建筑

r 原东省特别区地方法院

s 下夹树街 23 号住宅

t 地段街 77 号建筑

u 东大直街 289 号建筑

v 阿什河街 71 号建筑

w 原南满铁道 "日满商会"

x 果戈里大街 353 号建筑

图 4.6.1　金属栏杆构成的阳台

2. 金属栏杆与砖砌柱墩组合阳台

与完全由金属栏杆构成的阳台不同，此类阳台整体造型以金属栏杆为主，同时在阳台转角处设有砖砌柱墩。砖砌柱墩的数量及大小根据阳台的面宽来确定，尽量使砖砌柱墩与金属构件的组合搭配达到比例和谐的效果。这种以金属栏杆为主，砖砌柱墩为辅的组合，不仅可以加固栏杆结构的整体稳定性，同时也美化了阳台的栏杆造型，使金属装饰的自由浪漫与砖砌柱墩的沉稳有序形成鲜明的对比，创造丰富的视觉效果（图4.6.2）。

中央大街42—46号建筑阳台也采用了金属栏杆与角柱相结合的处理方式。金属栏杆的造型丰富多变；砖砌柱墩上以哈尔滨新艺术装饰风格特有的圆环与三条竖线条符号进行装饰，形成整体造型的融合统一（图4.6.2a～图4.6.2c）。下夹树街23号住宅转角的二层阳台，以四个砖砌柱墩将金属构件分成三部分，各部分比例尺度均衡，左右对称。不仅在结构上增加了阳台栏杆的稳定性，同时在视觉上虚实相间、完美和谐（图4.6.2d）。原中东铁路建设时期沙俄外阿穆尔军区司令部主入口上方阳台，因为受入口尺度的需求，水平长度比较大，所以采用金属装饰与柱墩结合的构成方式。金属栏杆采用心形涡卷母题重复排列组合，通透灵巧的同时表现节奏与韵律。两端部的砖砌柱墩起到了很好的收束效果（图4.6.2e）。

3. 砖砌栏板与局部金属构件组合阳台

这种形式的阳台以砖砌为主，金属构件为辅，在砖砌栏板的基础上附加些许的金属装饰，以局部金属构件的柔美打破砖砌栏板的厚重呆板。一般多表现为阳台的侧面为砖砌栏板，而正面为金属装饰构件，并常常呈现对称状。二者的巧妙的结合，表现出柔和的轮廓曲线，自由飘逸，富有韵律感，彻底消除了砖砌栏板原有的沉闷与拘谨（图4.6.3）。

a 中央大街42—46号建筑　　　b 中央大街42—46号建筑　　　c 中央大街42—46号建筑转角

d 下夹树街23号住宅转角　　　　　　e 原沙俄外阿穆尔军区司令部

图4.6.2　金属栏杆与砖砌柱墩组合阳台

原丹麦领事馆的阳台利用砖砌栏板的敦厚与金属构件的轻盈形成了很好的虚实对比，高起的金属栏杆使其显得更为突出。同时两侧砖砌栏板的外轮廓线也大胆采用了新艺术装饰风格特有的自由曲线，二者结合得恰到好处（图4.6.3a）。原密尼阿久尔茶食店的阳台栏杆和栏板柱造型独特，均呈曲线形态，线条简洁且富有韵律感。栏板柱造型简练与金属构件虚实对比强烈，与整体立面协调统一（图4.6.3b）。马迭尔宾馆的南立面阳台及转角阳台在阳台侧面应用砖砌栏板，使阳台与立面墙体浑然一体，而正面金属构件装饰栏杆，起到丰富建筑立面的效果（图4.6.3c、图4.6.3d）。公司街121号建筑阳台正面的砖砌栏板大胆采用了一条自由流畅的曲线，并在其上附加细腻通透的对称金属构件，线条简洁，整体和谐，使其视觉效果显得更为完整（图4.6.3e）。原哈尔滨工业大学学生宿舍主入口阳台以表现砖砌柱墩的形态为主，由四根支撑柱子直接贯穿至阳台栏杆处，同时将阳台的金属构件分成三部分。二者之间协调有致，体现出砖砌柱墩的浑厚敦实与金属构件的轻盈通透（图4.6.3f）。

4. 砖砌栏板阳台

相比以上三种不同的阳台构成类型，砖砌栏杆构成的阳台是指完全不采用金属构件，而只用砖砌栏板来塑造阳台的整体造型。这类阳台往往结合建筑主入口设置，同时起到入口雨篷的作用，以强调建筑入口地位。与金属栏杆的通透细腻相比，砖砌栏板的阳台表现出坚实浑厚、质朴严谨、沉稳大方的性格特征。砖砌栏板造型也呈现出丰富多彩的类型特征，有直线与曲线的完美交接，有封闭与镂空的虚实相间，也有各种几何图形的有机构成（图4.6.4）。

马迭尔宾馆主入口上方阳台、侧入门上方阳台以及转角阳台的正立面均采用圆环形排列的装饰造型语言。转角处采用矩形柱墩连接正面和侧面阳台栏板，同时，矩形柱墩上附有新艺术特有的圆环与竖直线构成的装饰符号。栏

a 原丹麦领事馆

b 原密尼阿久尔茶食店

c 马迭尔宾馆南立面

d 马迭尔宾馆转角

e 公司街121号建筑

f 原哈尔滨工业大学学生宿舍

图4.6.3 砖砌栏板与局部金属构件组合阳台

板与柱墩以及基座下方的牛腿共同表达出一种强烈的厚重感（图 4.6.4a ～图 4.6.4c）。原哈尔滨商务俱乐部主入口上方阳台同时作为雨篷，正立面由砖石材质的栏板柱与栏板构成。栏板柱上附有圆环与竖线条组成的具有典型新艺术特征的符号，同时栏板柱的敦厚与栏板的镂空形成了强烈的虚实对比（图 4.6.4d）。阿什河街 65 号建筑阳台同样运用砖砌柱墩的构成方式，栏板部分采用了大小相同的透空圆环排列而成，圆环之间由植物花饰串联起来，这种造型精美别致、虚实相应的图案处理效果，极好地反映出哈尔滨新艺术风格的特色（图 4.6.4e）。原丹麦领事馆主入口上方同样为砖砌栏板阳台，通过运用饱满的弧状曲线以及典型装饰线角等处理手法，塑造出端正典雅的视觉艺术效果（图 4.6.4f）。从这些实例可以看出，即便阳台只采用实体的砖砌栏板，同样可以体现哈尔滨新艺术建筑的装饰语言特色。

5. 木构栏杆阳台

（1）平顶式木构栏杆阳台

在哈尔滨新艺术风格的阳台中，除了运用金属构件与砖石这两种建筑材料之外，木质材料的应用也很广泛。其中一种非常典型的是平顶式木构栏杆构成的阳台。阳台的顶篷采用平顶覆盖形式，由独具特色的木质支柱支撑，栏杆多采用轴对称的形式，立面形态造型极具个性，构件装饰简洁多变而富有力度感，与建筑融为一体（图 4.6.5）。

位于联发街 1 号的原中东铁路高级官员住宅（图 4.6.5a），阳台顶篷为典型的平顶式结构。檐口下设有木质材料制作的两个同心圆环和三个竖直线构成的特殊装饰构架，不仅突出立面构图的中心位置，同时也是哈尔滨新艺术装饰最显著的特征符号。支撑檐口的立柱和粗壮的斜撑，以及转角墙垛的曲线，共同呈现出形态优美，造型独特的视觉效果。位于联发街 64 号的原中东铁路高级官员住宅（图 4.6.5b），阳台为封闭式木构栏杆构成，采用轴对称

a 马迭尔宾馆主入口

b 马迭尔宾馆侧入口

c 马迭尔宾馆转角

d 原哈尔滨商务俱乐部

e 阿什河街 65 号建筑

f 原丹麦领事馆

图 4.6.4 砖砌栏板阳台

a 联发街 1 号

b 联发街 64 号

图 4.6.5 原中东铁路高级官员住宅
平顶式木构栏杆阳台

形式。此阳台的木质栏杆造型均采用抽象简洁的几何线条进行装饰，并且在平顶檐口下部没有设置同心圆样式的装饰构件。仅在支撑立柱的柱头处设有圆滑优美的曲线，下部的墙垛也处理成富有张力的曲线状。阳台的整体造型规整简洁，均衡有序，对比强烈，是哈尔滨新艺术风格阳台的代表作之一。

（2）弧顶式木构栏杆阳台

与平顶式木构栏杆构成的阳台不同，此类阳台的顶棚呈扁圆弧的"马车篷"状。顶棚下以三条横线及三条短竖线相交形成两个同心圆环的装饰图案，同时阳台采用独具特色的木质柱子支撑顶篷，支柱上附加曲线装饰构件，其独特的造型体现出哈尔滨新艺术装饰风格特色（图 4.6.6）。

位于公司街 78 号的原中东铁路高级官员住宅（图 4.6.6a），阳台顶部采用了马车篷样式的遮雨罩，下面以六根木质柱子支撑，正立面的四根木柱左右对称，栏杆的边缘处理成波动的曲线状。同时在栏杆和支撑立柱上都点缀了木质的不规则曲线装饰构件。顶篷下的同心圆造型构成阳台立面的构图中心，使阳台整体造型体现出一种均衡美。位于红军街 38 号的原中东铁路高级官员住宅，与上述住宅实例的阳台装饰形式基本相同（图 4.6.6b）。细部差异主要体现在立面上是由四根立柱支撑顶部。同时墙体上的开窗形式也为圆弧形，在立面构图上与弧状的顶篷相呼应，强化了曲线的表现力。同时由于弧状顶篷的曲率增大，檐下悬挂的同心圆木质装饰构件就显得更为突出。位于文昌街的原中东铁路官员住宅的阳台为全封闭式（图 4.6.6c），因此与前两种阳台造型特征有所不同。阳台立面被窗棂划分为大小不等的方块，并有一条曲线在其中与阳台顶部的檐口形式相呼应。阳台正立面的窗框装饰图案较其他木质阳台复杂，呈现出中轴对称的构图关系。立面竖向的四根木柱装饰呈无规律的曲线形态，与其他新艺术装饰风格的木构阳台有相同之处。栏板部分为木板封闭，与通透的玻璃窗形成对比。整体造型丰满，表现出木质结构的沉稳与大气。

a 公司街 78 号

b 红军街 38 号

c 文昌街

图 4.6.6 原中东铁路高级官员住宅弧顶式木构栏杆阳台

4.6.2 装饰语言

哈尔滨新艺术建筑阳台的装饰语言由于使用的材料、采用的构图形式以及应用的部位不同，表现形式也完全不同，集中体现在金属栏杆、砖砌柱垛以及木质立柱上。这些装饰语言无论形态如何变化，都没有脱离新艺术建筑的基本装饰语言特征，有一些还属于哈尔滨新艺术建筑所特有。

1. 金属栏杆装饰

作为建筑立面的细部装饰要素，阳台空间尺度很小，但其栏杆的装饰语言却极其丰富。有的是抽象简洁的几何图案，有的是明显的动植物花叶形式，有的是自由曲线相互缠绕，有的是强劲有力的直线排列。正是这些装饰主题的多样性，使阳台成为最具魅力与特色的建筑装饰要素，也使新艺术建筑表现得极具识别性。

（1）抽象几何图案

抽象的几何图案是指通过直线与曲线的组合排列和对称布局，塑造出具有几何美的图案效果。其中最具代表性的几何装饰图案为同心圆环与三条竖直线条的组合形态，常见于阳台细部装饰中，成为哈尔滨新艺术装饰风格的符号与标签（图4.6.7）。

邮政街271号建筑阳台栏杆运用两个非同心圆环与三条竖直线组合构成典型的新艺术装饰母题，同时在直线的尾部进行涡卷处理，并通过装饰母题的重复排列形成具有特色的几何图案。造型规整严谨，和谐统一，韵律感极强（图4.6.7a）。中央大街117—121号建筑阳台栏杆的装饰图案呈现出几何对称式构图，中心纹饰为盛开的花瓣，圆环与竖直线条整体衔接自然，排列简洁，线条舒展大方（图4.6.7b）。原丹麦领事馆阳台的金属栏杆由直线和圆环涡卷组合构成，呈轴对称式构图，涡卷状的形态位于栏杆构图中心，其下方有三个圆环图案，整体造型在对比之中求统一，体现了几何图案的简洁美，柔软曲线与直线的巧妙衔接不留痕迹，轻松自然（图4.6.7c）。这种装饰语言简洁但不简单，有很好的观赏性。

（2）写实动植物图案

除了几何图形的运用外，阳台金属栏杆的造型还常常借鉴自然中的植物花叶和昆虫曲线形式，通过各种不同的组合排列塑造建筑的立面。这些造型精巧丰满，富有生命力的动植物装饰语言，表现出清新脱俗的建筑气质（图4.6.8）。

马迭尔宾馆南立面阳台的栏杆装饰图案，采用饱满写实的花瓣造型语言作为装饰母题重复设置。阳台正面根据其面宽大小采用了多个花瓣装饰，而侧立面则根据进深往往只采用一个花瓣装饰。通过运用相同装饰母题，

a 邮政街271号住宅

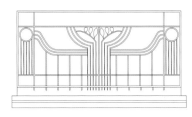

b 中央大街117—121号建筑

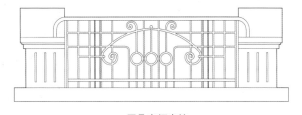

c 原丹麦领事馆

图4.6.7 抽象几何图案

不同数量排序的方式，使建筑立面整体造型在变化中求得统一。同时写实的金属花瓣栏杆通透感强，制作轻巧精致，在建筑的立面上表现得极为突出（图4.6.8a、图4.6.8b）。邮政街305号建筑阳台运用两个圆环和曲线有机组合构成昆虫图案，上端配以连续优美的涡卷装饰，使阳台建筑立面的构图更为丰富，同时也增添了趣味性和观赏性（图4.6.8c）。

（3）自由曲线图案

金属曲线图案极致地表现出哈尔滨新艺术装饰风格特征，是一种最具代表性的装饰语言（图4.6.9）。这些曲线图案大都固定在特定的平面几何空间内，表现出的气质有浪漫妖娆的洒脱、有层层涡卷的细腻、有自由不羁的豪放，也有收放自如的严谨。

原东省特别区地方法院的阳台运用自由曲线的反复缠绕，形成布局对称的图案装饰，在曲线的动势上无拘无束，一气呵成，富有流畅性，构成一种展示动态美的装饰效果（图4.6.9a）。中央大街42—46号建筑阳台的装饰图案更加鲜明地表现出金属构件曲线的浪漫美。根据栏杆的面宽大小，由直线形金属构件将其纵横向划分为四个单元，其中央部分为母题花饰，由椭圆形包裹。可根据阳台的宽度，调整母题的数量。两侧为自由曲线的造型，对称布置。同时，铁质曲线在自由缠绕之后的收尾处出现一个突然的抖动，坚实有力，犹如巨大浪潮过后的一片浪花，又犹如一阵美妙音乐结尾的落幕，极其生动地将金属构件曲线的动态美展示出来（图4.6.9b、图4.6.9c）。这种处理手法在哈尔滨新艺术建筑金属构件装饰语言的运用上，经常可以看到。

（4）变体直线图案

在阳台栏杆装饰语言中，相比于曲线图案的自由浪漫和柔美飘逸，直线图案表现出更多的是强劲有力、张弛有度。一种是运用直线与曲线的相互交接，表现出自然流畅的圆滑效果；另一种是以直线为主，在特定的局部将直线形金属构件端部饰以曲线形装饰。这两种组合类型都表现出哈尔滨新艺术装饰风格所具有的张力与个性（图4.6.10）。

经纬街81—99号建筑阳台通过在独立竖向的金属构件上交替出现直线与曲线的复合形式，并在端部形成特殊的"钩子"状，同时伴有螺旋圆环的出现，使整个栏杆造型丰富多变，体现出直线与曲线的圆滑交接，打破了直线

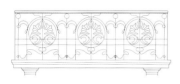
a 马迭尔宾馆

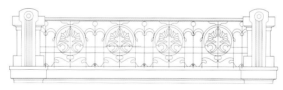
b 马迭尔宾馆

c 邮政街305号住宅

图4.6.8 动植物图案

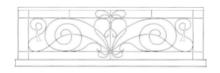
a 原东省特别区地方法院

b 中央大街42—46号建筑

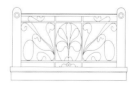
c 中央大街42—46号建筑

图4.6.9 自由曲线图案

条的呆板，使其变得活跃起来（图 4.6.10a）。原南满铁道"日满商会"建筑阳台以简洁的直线为主体，特别值得注意的是，其在直线的两个端部，一端饰以圆环，一端饰以极具特色的"尾巴"造型装饰。对称的排列构图，犹如一只只小蝌蚪向中央方向集聚，生动活泼（图 4.6.10b）。原东省特别区地方法院建筑阳台，同样以直线装饰为主，有趣的是在其端部饰以灵动优美的曲线装饰，二者衔接自然，收放自如，极其巧妙，宛如自由奔放的草书，收尾处戛然温婉地结束，展示出戏剧性的效果，使原本呆板的直线形装饰图案变得生动并富有个性（图 4.6.10c）。

2. 砖砌柱垛装饰

与丰富多样的铁艺栏杆装饰图案相比，砖砌柱垛的装饰图案则表现出更为统一的语言符号。基本上多为圆环装饰、竖直线条装饰以及由同心圆环与竖直线条组合的装饰。几何图案化、标准化、模式化的倾向明显。这种装饰语言已构成哈尔滨新艺术建筑阳台最典型的装饰语言之一。

原哈尔滨商务俱乐部阳台是由砖砌柱墩构成的，其方正的砖砌角柱上应用了典型的同心圆环与三条竖直线的组合图案，规整中带有活泼元素，使整体构图富有生机。同时，阳台基面底部的装饰线条，也同样应用了圆环形装饰图案，二者相互呼应，形成和谐统一的装饰效果（图 4.6.11a）。原中东铁路管理局办公大楼阳台的砖砌角柱上应用了圆环形与几何线条的组合装饰，与铁艺栏杆的装饰图案形成了很好的呼应，同时基座下方的牛腿造型精美，非同心圆环的图案装饰使整体构图更加富有趣味（图 4.6.11b）。原丹麦领事馆的阳台通体采用了砖砌栏板形式，在转角处凸起形成角柱，其上设有圆环与竖线条装饰，且竖线条装饰一直延续到支柱上方，整体感强烈（图 4.6.11c）。

此外，很多阳台在其底板下部设有造型精美的牛腿支撑。线条简洁硬朗，常做成曲线状，符合力学特征，体现出理性与浪漫的交织。也有的阳台在基面底部设有支撑柱，柱头与砖砌角柱形成上下统一的装饰构件，浑然一体。一般位于建筑主入口上方或转角处，与门廊结合设计，共同构成建筑的构图中心（图 4.6.11d ～图 4.6.11g）。

3. 木质立柱装饰

在哈尔滨新艺术装饰风格的建筑中，作为支撑木质阳台顶篷的木质立柱，不仅在结构上保证了阳台顶棚的稳定性，同时通过夸张优美的装饰造型语言，极致地表现出了木质材料的温和细腻。装饰艺术拟人化的表达，多维视觉效果的塑造，浪漫曲线的洒脱应用，使其反映出了典型独特的哈尔滨新艺术风格特征（图 4.6.12）。

联发街 1 号原中东铁路高级官员住宅阳台的木质立柱即为典型的代表。将木质材料塑造出浪漫优美的曲线形态，自由奔放，好像升腾的火焰，并同时以自由曲线形式，成组地出现在顶篷下方，不仅创造出丰富多变的视觉效果，也可以使人们从不同角度观赏，感受装饰曲线图案的动态变化。完全打破传统建筑支柱的结构逻辑概念，刻意强调建筑的独特性、反叛性（图 4.6.12a）。而红军街 38 号的原中东铁路高级官员住宅阳台的木质立柱则在装饰图案上有所不同，虽然同样是利用优美的曲线装饰，其形态优美，自由飘逸，整体形象栩栩如生，妩媚动人。这种拟人化的建筑造型，体现出哈尔滨新艺术装饰风格的细腻及柔美动人。造型装饰语言的肆意夸张表达，同样是反传统、

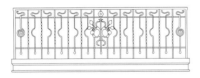 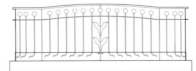 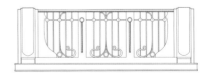

| a 经纬街 81—99 号住宅 | b 原南满铁道"日满商会" | c 原东省特别区地方法院 |

图 4.6.10 变体直线图案

a 原哈尔滨商务俱乐部

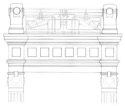

b 原中东铁路管理局

c 原丹麦领事馆

d 原哈尔滨商务俱乐部

e 西五道街 42 号建筑

f 东大直街 289 号建筑

g 原丹麦领事馆

图 4.6.11　砖砌柱垛装饰与支撑构件

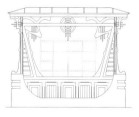

a 联发街 1 号

b 红军街 38 号

图 4.6.12　原中东铁路高级官员住宅木质立柱装饰

反理性观念的产物（图 4.6.12b）。

4.6.3　艺术特色

哈尔滨新艺术装饰风格的建筑阳台就其艺术特色而言，与建筑其他部位在体现新艺术特征方面有很多相同的特点。只是作为建筑立面整体构图的一部分，各自发挥着不同的艺术造型作用。由于所处位置的不同，其艺术表现的出发点和形态也各不相同。

1. 浪漫曲线的极致表达

哈尔滨新艺术装饰风格最典型的特征就是将曲线线条运用得淋漓尽致，表现在阳台上，则更加细腻优美、自由浪漫。不仅在阳台栏杆上运用自由的金属曲线进行装饰，在砖砌栏板的外轮廓线上也大胆地运用曲线，简洁有力、自由飘逸。在木质结构阳台中，更是将其创新发挥到极致，无拘无束地充分展示曲线的浪漫和潇洒。曲线线条的大量运用，使阳台表现出一种自由浪漫的主题思想，丰富了建筑立面的表现力，成为哈尔滨新艺术建筑的一道靓丽风景（图 4.6.13）。

原密尼阿久尔茶食店阳台通体表现了浪漫曲线的艺术魅力。阳台角柱顶端采用圆弧形处理，细腻柔和；栏板处运用圆滑曲线装饰，一道优美的弧线将两个角柱相连，在栏杆上附加优美的铁艺曲线装饰，自由灵动；同时在阳台栏板上通过椭圆形的镂空处理，使砖砌柱墩视觉上通透灵巧，毫无沉闷之感（图 4.6.13a）。东大直街 293—297 号建筑阳台通过金属装饰构件表达出自由曲线的美感。细腻的涡卷位于栏杆中央位置，形成构图中心，圆滑的弧线将涡卷包围，同时浪漫的曲线从涡卷下方穿插出来，自由缠绕，体态优美。此时看不到曲线的构图规律，恰似随情感波动起伏而成（图 4.6.13b）。

中央大街 42—46 号建筑阳台通过直线将栏杆正面等分成六个单元，在每个单元之中以曲线线条进行装饰，这种做法在哈尔滨新艺术装饰风格中比较常见，既有直线的严谨，也有曲线的浪漫，二者相对比，则更加展现出曲线装饰的灵动与细腻（图4.6.13c）。原扶轮育才讲习所和东大直街281号建筑的阳台都是利用曲线涡卷进行装饰的实例，通过涡卷进行有序的排列，塑造出规整严谨的图案效果（图4.6.13d、图4.6.13e）。另外，石头道街85号建筑阳台的金属装饰中也是利用涡卷形态做装饰，但不同的是，其将栏杆划分成两个单元，每个单元中以浪漫曲线装饰构成一个完整的图案。曲线疏密有致，体现出装饰图案的大气完整和典雅柔美（图4.6.13f）。

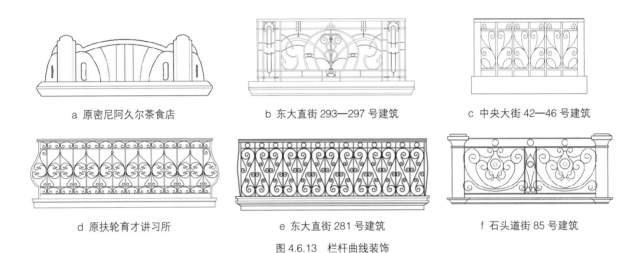

a 原密尼阿久尔茶食店　　　　　b 东大直街293—297号建筑　　　　　c 中央大街42—46号建筑

d 原扶轮育才讲习所　　　　　e 东大直街281号建筑　　　　　f 石头道街85号建筑

图4.6.13　栏杆曲线装饰

2. 材料质感的诗意再现

哈尔滨新艺术装饰风格的阳台类型极为丰富，其中在砖砌柱墩与金属构件相结合的阳台中有以金属构件为主、砖砌柱墩为辅的构成形态，也有以砖砌栏板为主、金属构件为辅的构成形态。砖砌柱墩表现出浑厚、质朴的艺术特征，而金属构件则表现出自由、通透、灵巧的性格特点。通过二者之间巧妙的相互结合，可以产生比例和谐、主次分明、虚实相间，充满诗意的对比效果。同时，将金属与砖石的材料之美表现得淋漓尽致。

原中东铁路管理局阳台为典型的金属构件与砖砌组合构成类型。阳台的角柱及其基座下方的牛腿采用砖石砌筑而成，其上附有圆环与方形图案装饰。金属构件的婀娜多姿与砖砌构件的厚重敦实，形成了鲜明的虚实对比，塑造了很好的视觉效果（图4.6.14a）。原日本国际运输株式会社哈尔滨分社阳台也将金属构件与砖砌的材料质感表现得很鲜明。铁质曲线塑造出层叠的涡卷与直线相互组合，突出金属构件的轻巧；而在角柱上应用砖砌材质，其上附有规整的线脚，以砖砌柱墩的"实"衬托金属构件的"虚"，使阳台装饰更加富有戏剧性与趣味性（图4.6.14b、图4.6.14c）。原东省特别区地方法院建筑阳台，则运用相同的材料、相同的艺术形式塑造不同形态的阳台。金属构件被砖砌柱墩分成三部分，且每个砖砌柱墩在接近基座部分都采用了圆弧的交接处理。柱墩上附有圆形与直线装饰，金属构件以直线装饰为主。金属构件与砖砌柱墩虚实相映，使阳台整体造型更加优美（图4.6.14d～图4.6.14f）。

3. 端庄温婉的对称构图

阳台作为建筑细部构成要素，虽然尺度空间都很小，但通过多种构成类型及构成方式，配以丰富多样的主题装饰，使阳台不仅成为一个精美的建筑构件，也为建筑整体风格的塑造起到了点睛作用。无论哪种构成形态的阳台，从金

a 原中东铁路管理局　　　　b 原日本国际运输株式会社哈尔滨分社　　　　c 原日本国际运输株式会社哈尔滨分社

d 原东省特别区地方法院　　　　e 原东省特别区地方法院　　　　f 原东省特别区地方法院

图 4.6.14　栏杆的不同材料组合

属装饰图案，到砖砌柱墩的造型，都采用了对称的构成方式，营造出一种和谐统一的视觉效应。尤其是当建筑阳台设置在主入口上方时，这一点就显得更为突出。

　　原日本国际运输株式会社哈尔滨分社的转角阳台为砖砌柱墩构成类型，采用了对称的构成方式，左右两个角柱采用相同的装饰语言，分别以圆环和竖直线的组合图案装饰，同时栏板处采用五个方形的内凹图案，极富层次感（图4.6.15a）。原契斯恰科夫茶庄的转角阳台和东立面阳台都将对称统一的构图方式体现得很清晰。其中转角阳台的基座为圆弧形平面，所以金属栏杆也直接表现出圆弧形的装饰特征，通过金属构建装饰符号呈现出对称式构图。而东立面阳台则在中央位置突出一部分，成为构图中心，同样呈现出对称的视觉效果（图4.6.15b、图4.6.15c）。马迭尔宾馆的三层阳台的基座平面呈不规整的矩形，其中央部位微微突出一部分，同样形成了左右对称的构图方式，通过金属构件装饰形成富有特色的视觉效果（图4.6.15d）。

4.7　优雅精致的室内楼梯

　　由于哈尔滨的新艺术自20世纪初开始，至20世纪二三十年代已成为一种最流行的时尚，因此在很多并非新艺术的建筑内部也都不同程度地运用了新艺术风格的装饰符号。尤其是室内楼梯成为表现新艺术符号的绝佳载体，其形式类型表现出多样化，构成了一种独特的哈尔滨新艺术建筑室内装饰语言景观。

4.7.1　室内楼梯形态构成

　　楼梯是室内公共空间部分形态构成中变化最丰富的部分之一。楼梯的形态构成直接影响到室内的风格特征。哈尔滨新艺术建筑的楼梯从其构成要素、构成方式、装饰语言的各个层面表现出了一种优美典雅之感。

a 原日本国际运输株式会社哈尔滨分社　　　　　　b 原契斯恰科夫茶庄转角

c 原契斯恰科夫茶庄东立面　　　　　　　　　　d 马迭尔宾馆

图 4.6.15　阳台的对称构图

1. 构成要素

楼梯的构成要素主要包括扶手、栏杆两部分。其中楼梯的栏杆部分是展示新艺术风格的最重要载体。由于使用的材料不同，这两部分的表现形态也会有一些明显的不同。正是这些差异的存在使其变得更为丰富多样化。

现存的新艺术风格室内楼梯中仅有少量以木质扶手搭配木质栏杆的实例，原中东铁路管理局的室内楼梯是其中之一（图 4.7.1a）；原哈尔滨犹太中学的室内楼梯则采用宽大的木质扶手、水泥抹灰立柱的方式制作（图 4.7.1b）。这两种类型的楼梯栏杆同时起到支撑楼梯扶手和维护的双重作用。除此之外，最普遍的类型是以木质扶手搭配金属栏杆的形式。金属栏杆形成的流畅线条及其制作工艺的细腻处理，使楼梯的艺术表现力格外突出（图 4.7.1c）。

由于金属材料的延展性比较好，加工制作相对比较容易，定型化、模式化的曲线装饰语言也简便易操作。因此，相对于室内的其他装饰要素而言，新艺术风格的金属栏杆成为最普及以及保存数量最多的装饰符号载体。

楼梯金属栏杆又可以分为栏杆柱和栏杆段两部分。其中栏杆柱是楼梯扶手的竖向支撑构件，同时起着竖向分隔栏杆的作用（图 4.7.2）。哈尔滨新艺术建筑室内楼梯大多数是以栏杆柱作为栏杆段组成图案的边界，使图案与其产生联系。有时将曲线形体与栏杆柱进行相切处理，有时栏杆段的造型曲线以栏杆柱为出发点，形成一种近似对称的均衡构图。现存建筑实例的楼梯栏杆中仅有少量以栏杆柱为构图中心进行装饰，如原哈尔滨犹太总会堂楼梯，栏杆柱没有直接到顶支撑扶手，而是与相邻栏杆柱共同组成一个完整的图案，柱的端部又被刻意加以装饰（图 4.7.2b）。

栏杆段是指栏杆柱之间的部分，主要起到维护作用。由装饰图案组成的单元，进行多次的重复构成，每段被栏杆柱隔开。其间隔大小主要视楼梯栏杆柱的排列而确定。栏杆段是金属栏杆最重要的艺术表现部位，也是新艺术装饰图案母题的展示空间。

a 原中东铁路管理局　　　　　　　b 原犹太中学　　　　　　　c 原中东铁路管理局

图 4.7.1　楼梯构成

a 原中东铁路管理局

b 原哈尔滨犹太总会堂

图 4.7.2　金属栏杆构成

2. 构成方式

由于室内楼梯的特色更多地表现在金属栏杆上，因此，其构成方式的多样性创造了楼梯装饰形态的多彩多姿。各种直线的、曲线的、几何抽象动植物的线条装饰，都是通过不同的组合而把其基本装饰构图母题高度地概括统一起来，从而塑造出一道秀美的装饰带。此时装饰母题多以竖向和横向的构图形态出现。新艺术金属栏杆的构成方式可划分为单一母题重复与组合母题重复两类。

单一母题重复是指以一种构图母题的图案重复排列的组合。对同一母题的重复，起到了强化主题的作用（图 4.7.3）。其形态根据栏杆段的比例尺度关系，可进一步分为单一竖向构图重复与单一横向构图重复。在现存哈尔滨新艺术建筑的室内楼梯栏杆中，绝大多数为单一竖向构图母题重复的构成方式。栏杆柱按照一步一柱来设置，装饰母题的图案呈竖向构图。一方面，它可以使一段楼梯栏杆的装饰图案表现出更多数量的重复，图案信息反复作用于人的感官，从而产生强烈的节奏感；另一方面，竖向的构图与水平倾斜的楼梯相交，犹如跃动的音符，强化了装饰母题的视觉冲击力。装饰图案线条的选择主要为曲线，使楼梯充满变化与活泼（图 4.7.3a）。也有少量采用曲直结合，在简洁朴素中展示出典雅的美感（图 4.7.3b）。

单一横向构图母题重复的栏杆构成方式较少运用。由于栏杆段为横向构图重复，因此意味着竖向的栏杆柱间距较大，装饰母题图案就表现出丰满庄重、典雅秀丽的姿态。它的单一重复往往为栏杆带来了一种连贯自如的美感，表现出行云流水般的流畅。如阿什河街65-3号住宅的室内楼梯栏杆，犹如翻滚流淌的江水，似乎在诉说着建筑师内心的奔放情感（图4.7.3c）。

组合母题重复是指将两种以上装饰母题进行交替重复排列的构成方式。现存实际案例中主要以两种母题图案的组合重复为主。在组合重复的基础上又可分为双母题竖向构图重复与双母题竖横向构图重复两类。

双母题竖向构图组合重复是指两种不同或相似图案的纵向构图组合在一起后进行重复排列。这类构成方式主要以纵向曲线图案搭配竖向直线图案为主。如原松浦洋行室内楼梯的处理方式，婉转灵动的卷曲线条搭配简洁的竖向直线，一步一转换，一柔一刚两种对比效应强烈的装饰母题形态反复呈现，把活泼跳跃的动感韵律表现得更为鲜明（图4.7.4a）。原捷克领事馆楼梯栏杆是利用在扶手下设置一个横向带状母题图案把竖向母题图案组合联系在一起，这种构成方式相对于单一重复构图，又多了一丝变化（图4.7.4b）。双母题竖横向构图组合重复是指横向构图母题与竖向构图母题组合在一起多次重复，通常以横向构图母题为主要装饰语言。如东大直街289号室内楼梯，宽大的横向构图母题与窄小的竖向构图母题交错排列组合，疏密有致的竖线条、舒展温婉的弧线条，使楼梯栏杆的韵律节奏清晰明了，统一之中有变化（图4.7.4c）。

a 原犹太中学　　　　b 邮政街47号建筑　　　　c 阿什河街65-3号住宅

图4.7.3 单一母题重复构成方式

a 原松浦洋行　　　　b 原捷克领事馆　　　　c 东大直街289号建筑

图4.7.4 组合母题重复构成方式

3. 装饰语言

新艺术装饰风格对于自然元素的运用，在哈尔滨近代建筑室内楼梯栏杆中亦有所呈现。新艺术室内装饰主题绝少雷同，诸如曼妙的花草、灵性的动物等，充满了丰富的想象力。如植物的单花朵型图案，就有百合、鸢尾、旋花、玫瑰和罂粟等（图4.7.5）。其中百合是新艺术运动有代表性的装饰图案，如邮政街271号住宅与原契斯恰科夫茶庄中的楼梯栏杆中的百合图案，流露出自然花卉那含蓄的美感和旺盛的生命力。

楼梯栏杆上的这些图案反映了建筑师们对自然的渴望与热爱，但他们并非简单模仿自然，而是对其形式进行抽象处理。符号的抽象是指符号对其表达的客体形象进行简化、提炼和加工，使符号的意义变得集中，变得更具代表性，并趋向反映事物的本质和人的普遍情感。与此同时，也使形式自身成为表现主体。哈尔滨新艺术装饰风格的楼梯栏杆按图案形态分为传统性抽象表意形态与表现性抽象表意形态两种。

传统性抽象表意形态是指既充满了抽象的形式，又能够让人一目了然地感受到其表达的含义。形式抽象却具有植物或动物的某些形态特征，如植物茎叶的抽象表现。

红霞街78号室内楼梯栏杆，图案以花朵为构图中心，向外散发出涡旋，形成集中的圆形盘花主题，周围饰以相对简洁的曲线装饰。类似图案在原中东铁路技术学校与原松浦洋行中都有出现。后者巧妙地表现舒展的植物叶片，协调自然，赋予动势（图4.7.6）。

阿什河街71号商住楼室内的楼梯栏杆，可以看到表达较为含蓄的植物卷曲叶片。在金属装饰构件婉转的形态末端可以看到刻有叶片茎脉的纹理，这种装饰细节的精心制作，把栏杆的植物形态意蕴表现得淋漓尽致。同时从其翻转扭动的曲线形态中也能够看出哈尔滨新艺术建筑中典型的椭圆符号（图4.7.7a）。原丹麦领事馆的室内楼梯栏

a 邮政街271号住宅

b 原契斯恰科夫茶庄

图4.7.5 楼梯栏杆花卉主题

a 红霞街78号建筑

b 原中东铁路技术学校

c 原松浦洋行

图4.7.6 楼梯栏杆盘花主题

杆整体结构清晰,直线与曲线的大胆结合形成别具一格的装饰效果,在其间巧妙地穿插植物叶片装饰,使偏于几何图形的构图一下子柔和起来,栏杆的形态愈发活跃生动(图4.7.7b)。

表现性抽象表意形态有其自身的特征,抽象是由表意的典型化而来,在形式上表现为不同程度的简化,在反映事物的本质和人们情感的同时,也使形式自身成为表意符号。这种抽象的装饰语言表达方式更自由、更随意,与新艺术装饰不拘于传统形式,追求自然随性的理念是完全一致的。因此,在新艺术的室内楼梯栏杆上被大量应用(图4.7.8)。邮政街305号住宅楼的室内楼梯栏杆便是这种表现性抽象符号的代表之一(图4.7.8a)。曲线无规则的灵活延展,打破栏杆段的边界限定,穿插在直线划分的各个部分之中;曲线装饰顺着楼梯的倾斜连续重复,带来了更多的律动感。这一装饰语言符号在现存的哈尔滨新艺术建筑中多有出现。

原日本驻哈尔滨总领事官邸中的楼梯栏杆,与上述装饰语言符号大形态上相似,但细节处理略有差别,形成类似乐器的抽象图案。下端延伸出波动的曲线,形成上疏下密的视觉效果,展示出一种轻快优美的姿态。阿什河街65-3号住宅室内的楼梯栏杆,则用横向的弧状曲线,表现了"u"字形装饰图案,蕴含出向外的张力,这与欧洲新艺术装饰语言符号有很大的相似性。而在北三道街8号原王丹实的住宅内,也发现了类似的符号化表现(图4.7.9)。

a 阿什河街71号商住楼

b 原丹麦领事馆

图4.7.7 楼梯栏杆植物图案

4.7.2 室内楼梯艺术特色

哈尔滨新艺术风格的室内楼梯极具艺术表现力,流动飘逸的韵律、细腻优雅的风格与多样统一的整体感是其典型的美学特征,承载了当时的一种流行时尚和审美情趣。

a 邮政街305号建筑　　b 经纬街234号建筑　　c 中医街34号院内建筑　　d 西十二道街38号建筑　　e 大安街83号建筑

图4.7.8 楼梯栏杆表现性形态

| a 原日本驻哈尔滨总领事官邸 | b 阿什河街65-3号住宅 | c 原王丹实住宅 |

图 4.7.9　楼梯栏杆符号化表现

1. 流动飘逸的韵律

在新艺术楼梯栏杆装饰语言的重复和差异、整体与局部之间所形成的强烈韵律，大大地增加了楼梯的艺术表现力，蕴涵了节奏上的形式美感与视觉上的拓展和延伸。

装饰语言母题的重复构成，造成有规律的节奏，构图更为完整，统一中富于变化，形成强烈的韵律感和秩序感（图4.7.10）。如邮政街305号住宅楼梯，以竖向构图的自由曲线为母题，曲直线条重复排列，犹如流动的波浪，塑造了音乐般的韵律美感（图4.7.10a）。当楼梯形态为弧线状连续变化转折时，可以产生更加丰富生动的旋律。如原犹太中学楼梯宽大的扶手蜿蜒扭动，形成一条醒目的流动线条；原哈尔滨犹太总会堂弧状的楼梯加上曲线装饰栏杆形成夸张的动感，尤其从上向下观赏时，这种感觉更为强烈（图4.7.10c、图4.7.10d）。

哈尔滨新艺术建筑室内楼梯的装饰，非常注重楼梯栏杆起始点的处理，艺术造型也往往复杂多变（图4.7.11）。如原松浦洋行与东大直街289号建筑楼梯的起始端，利用曲线处理成上小下大，在末端扭曲蜿蜒出叶片与花饰，增加了楼梯整体的流畅感，仿佛由上至下蔓延至此；后者的形态更类似音乐符号（图4.7.11b、图4.7.11c）。

楼梯的转折处也是重点处理部位，注重造型变化（图4.7.12）。如在原松浦洋行中，楼梯扶手在转折处被设计成波动的曲线状；原日本国际运输株式会社哈尔滨分社楼梯栏杆为相似图案的组合重复，螺旋形曲线在末端扭转到不同方向，在楼梯转折处图案忽然缩小变形（图4.7.12a、图4.7.12b）。

| a 邮政街305号住宅 | b 东大直街281号建筑 | c 原犹太中学 | d 原哈尔滨犹太总会堂 |

图 4.7.10　楼梯栏杆的母题重复

a 原中东铁路管理局宾馆

b 原松浦洋行

c 东大直街 289 号住宅

d 阿什河街 59-3 号住宅

图 4.7.11 楼梯栏杆起始端处理

a 原松浦洋行

b 原日本国际运输株式会社哈尔滨分社

c 原梅耶洛维奇大楼

d 原中东铁路商务学堂

e 原中东铁路管理局

f 下夹树街 23 号住宅

图 4.7.12 楼梯栏杆转角处理

2. 灵动有力的线条

哈尔滨新艺术与西欧新艺术一样热衷于使用富有生命力的自由曲线来抒发对大自然向往的心态。建筑师赋予金属以流动性，曲线之间、曲直之间组合极为丰富，线条流畅轻盈，往往看似毫无规律可循，但所形成的柔美而有力度的装饰线条却极具审美魅力（图 4.7.13）。

下夹树街 23 号住宅内的楼梯栏杆，其藤状扭转的曲线线条在栏杆柱上以飘带束住，使金属材质仿佛轻柔的丝蔓在风中摇曳。有趣的是这一图案单元在原中东铁路管理局配楼中也有出现，只是两者比例略有不同，前者接近正方形构图，后者则更为舒展，曲线更加自由流畅，充满灵性，形成了一种优美典雅的姿态（图 4.7.13a、图 4.7.13b）。在原中东铁路俱乐部（西大直街 84 号）中，楼梯栏杆以曲弯的竖线与卵形和细胞形图案相通，栏杆段之间的线条互相蔓延缠绕，曲线形态似乎随意生长，呈现出一种旺盛的生命活力（图 4.7.13c）。

不仅如此，哈尔滨新艺术金属栏杆的处理，也非常注重细微部位的刻画，使得线条抽象而富有力量（图 4.7.14）。栏杆的线条往往不是简单的平面线条，大多做了丰富的立体化处理，类似于比利时线条，即鞭绳。有的在曲线的尽端很自然地向外转成一个波动的弯转的钩状物，犹如笔锋结束时潇洒的甩尾，增加了曲线的活力与动感。

金属卷曲叶片赋予栏杆一种持续增长的活力情调，同时也使装饰母题在重复中产生细微的变化。如经纬街 81—99 号住宅中，栏杆收尾的叶片或向里或向外卷曲，打破栏杆的垂直水平边界，脱离单调而变得活跃（图 4.7.14b、图 4.7.14c）。亦有把竖向直线杆件做螺旋状的扭曲处理，表现了一种旋转势态的动感，这种起伏和扭转的线条细微处理，极好地表现出所蕴藏的旺盛生命力与精致的艺匠之美（图 4.7.14d）。

3. 巧妙均衡的构图

在哈尔滨的新艺术建筑楼梯栏杆中，处处体现着装饰构图的均衡和谐。往往在每个栏杆段的装饰母题中都采用灵活均衡的非对称构图，在力求总体保持平衡的条件下，通过局部变换位置，并将装饰母题的基本形进行一定角度的转动，从而增加形象的变化和不确定性。此时均衡的形态给人一种宁静和谐的感觉，但相对于完全对称的构图又表现得更加巧妙活泼，使理性与浪漫交织融合在一起。由于楼梯本身的倾斜形态与栏杆上的构图往往形成一种动态平衡，而富于运动变幻之美。反之，也正是这一倾斜所形成的平行四边形空间，促成了这一无规则不对称自由曲线均衡美的产生。

一般来说，具有良好均衡性的非对称构图，必须在均衡中心上予以某种强调。如地段街 77 号住宅中的室内楼梯栏杆，以两个栏杆段进行组合重复，栏杆段之间的栏杆柱上安排了若干控制点。从其控制点发出等量的曲线线条，同时向内卷曲并与周围的边框相切，形成近似于对称的半圆形构图；两边的曲线做变形处理，围绕构图中心亦做多处细微处理，使装饰图案的左右两边在大小、位置以及角度上都有不同（图 4.7.15a）。在哈尔滨 56 中学室内的楼梯栏杆中，下部融入了新艺术建筑的典型符号代码，对称的双圆相切，椭圆形的涡卷、婉转的曲线似乎在诉说着这是植物的须茎；构图左右不对称，一侧稍稍高起的曲线与另一侧延长垂下的线条构成了视觉的平衡（图 4.7.15b）。在原南满铁道"日满商会"与原万国洋行楼梯栏杆中均有这种横向的均衡构图，但是后者由于曲线条相对较少，均衡对称性更强烈一些（图 4.7.15c、图 4.7.15d）。

在竖向的均衡构图案例中，同样有很多精彩的表现（图 4.7.16）。在吉黑榷运总局室内楼梯中，其栏杆下部的曲线图案纤细扭转，仿佛通过翻转放大所形成，上部处理得更为通透，形成上下明显的对比，彰显了建筑的个性。经纬二道街 36—38 号住宅的楼梯栏杆，在均衡构图的基础上，大小不同的圆环与小曲率扭动的装饰曲线，显得自然流畅而又起伏跌宕。

a 下夹树街 23 号住宅

b 原中东铁路管理局

c 原中东铁路俱乐部

d 买卖街 70—72 号建筑

e 国民街 84 号建筑　　f 花园街 405—407 住宅　　g 马迭尔宾馆　　h 阿什河街 65–5 号住宅

图 4.7.13　楼梯栏杆装饰线条

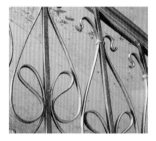

a 经纬街 73—79 号住宅　　　b 经纬街 87 号住宅　　　c 经纬街 97 号住宅

d 原中东铁路技术学校　　　e 原扶轮育才讲习所　　　f 原中东铁路技术学校

g 花园街 405–407 号住宅　　　h 原松浦洋行　　　i 原哈尔滨犹太总会堂

j 邮政街 271 号住宅　　　k 原梅耶洛维奇大楼　　　l 原日本国际运输株式会社
哈尔滨分社

图 4.7.14　金属栏杆装饰细部

a 地段街 77 号住宅

b 哈尔滨市 56 中学

c 原南满铁道"日满商会"

d 原万国洋行

图 4.7.15 栏杆横向构图

a 原吉黑榷运局

b 西十六道街 33 号住宅

c 经纬二道街 36—38 号住宅

图 4.7.16 栏杆竖向构图

4. 主次有序的整体

虽然与西欧及俄罗斯新艺术建筑不同，哈尔滨新艺术建筑在室内外风格上不一定完全呼应，有些纯粹是作为追求时尚流行的点缀装饰。但在建筑内部仍然非常关注艺术表达的整体效果，主次搭配有序，这一点同样在楼梯栏杆的处理上有所表现。

建筑内部在整体上为了寻求变化，楼梯形态根据位置的不同而做必要的调整。一般在建筑的主入口，楼梯作为视觉中心的吸引物，常常表现得宽阔优美而富丽堂皇；楼梯栏杆也多采用自由生动的线条构成华美多姿的装饰图案，充满个性，甚至成为建筑的标签。

在新艺术风格公共建筑的楼梯配置上，往往根据其位置的不同来确定楼梯栏杆装饰语言形态的选择。一般来说，主楼梯的造型装饰栏杆要比处于转角、端部位置的次楼梯相对更为复杂华丽。次楼梯的栏杆装饰形态往往多做适度的变形简化处理，多使用抽象简洁的符号做装饰。或是在栏杆构成形态上追求比例的一致性与相似性，或是在线条装饰形态上追求统一感。使得建筑的楼梯不但主次分明，同时取得了形态多样性与完整性的艺术效果。如马迭尔宾馆中，主楼梯的栏杆形态与转角楼梯采用了同样的花叶图案，只是转角处的栏杆略微简化，且两者均为单一竖向构图的重复（图 4.7.17a）。经纬街 81—99 号住宅也是很有趣的一个案例，其建筑内的两处楼梯位置相当，栏杆图案相似却不相同，委婉的曲线装饰线条在细微处发生了改变，建筑的内部空间氛围因此而显得俏丽活泼，意趣横生（图 4.7.17b）。

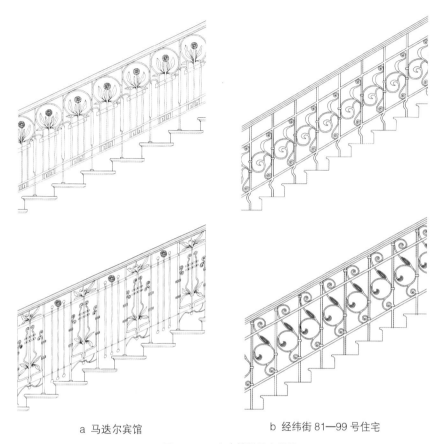

a 马迭尔宾馆   b 经纬街 81—99 号住宅

图 4.7.17　主次楼梯的多样统一

　　哈尔滨新艺术建筑所具有的个性特征，很大一部分正是通过其建筑的细部装饰来体现和展示出来的，并表现出一种符号化的倾向。不论是建筑的门窗、阳台、女儿墙、楼梯，还是建筑的室内外墙面、天花装饰、室内家具等多个方面，都在狂热的以追求新艺术风格作为时尚。不仅在当时城市外国侨民集中居住的道里区与南岗区各种功能类型的建筑上有所体现，也波及作为中国人集中居住的道外区的大量建筑上，并创造出一些具有地域特色的新艺术符号语言。除此之外，新艺术建筑的细部装饰符号也渗透到整个中东铁路沿线，不少建筑、桥梁、隧道、客车车厢内饰等都可以看到这些新艺术建筑的装饰语言。

　　哈尔滨新艺术建筑的细部装饰语言符号，在其流行的进程中也不断地在发展变化，后期则趋向"装饰艺术"符号语言，直至现代建筑的完全兴起将其替代。目前散落在尚存历史建筑上的大量新艺术建筑细部装饰已经成为这座城市新艺术建筑发展历程的最好见证，具有珍贵的艺术价值与历史价值。

5 建筑实例
Case Study

5.1 公共建筑 Public Buildings

　　从 1898 年哈尔滨城市建设伊始，第一批大型公共建筑如火车站、铁路管理局办公楼、领事馆等相继建成。这些公共建筑均采用了当时欧洲最流行的新艺术建筑风格，如体现俄罗斯"帝国新艺术"的原中东铁路管理局大楼，体现比利时－法国新艺术优美曲线的原哈尔滨火车站，以及体现德国－奥地利的几何新艺术的原中东铁路商务学校等，其设计手法和形式语言都非常纯正，奠定了整个城市建筑风格的基调。1910 年至 20 世纪 20 年代，随着俄罗斯及其他各国移民大量涌入哈尔滨，领事馆、商会、法院、医院、邮局、侨民事务局等公共建筑也大量兴建。新艺术风格往往结合了哥特、文艺复兴、古典主义等形式，设计手法更加多样化和折中化；新艺术的形式语言主要出现在建筑的一些重要部位如主入口及其上部的窗、阳台及女儿墙，风格化的曲线线脚和铁构件等为建筑增添了鲜明的现代气息。

　　From the beginning of urban construction in 1898, the first batch of large public buildings such as railway station, administrative office, embassy, etc. had been built in Harbin. All these public buildings adopted Art Nouveau style which was popular in Europe at that time, including the office building of CER Administration Bureau that appeared as Russian Empire Art Nouveau, Harbin Railway Station that represented beautiful curves of Belgian-French Art Nouveau, and the Commercial School featured with the geometric German-Austrian style. Pure western designs thus formed the basic tone of the urban architecture. In 1910−20's with the migrants from Russia and other countries flooding into Harbin, new public buildings like embassies, chambers of commerce, courts, hospitals, post offices, and migrant offices were built, where Art Nouveau style often combined with other architectural forms of Gothic, Renaissance and Classicism, showing a diversity and eclectic taste. In Harbin, Art Nouveau languages usually appeared on the main entrance and the window above it, balconies and parapets, where the stylistic curves and the metal elements added a distinct modern flavor to the buildings.

原哈尔滨火车站
Harbin Railway Station

建于1899年，建筑主体一层，局部二层，砖木混合结构，1959年拆毁。建筑由一、二、三等候车室和华人候车室、中央大厅、餐厅几个部分构成，为哈尔滨新艺术建筑的代表作。

整体呈非对称布局，引人注目的主入口采用了流畅的曲线造型，上部巨大的椭圆形窗两边耸立着冲破檐口线的巨型塔柱，同样冲破檐口的一排壁柱将正立面划分出整齐的节奏和韵律。三个入口均带有金属构件的雨搭，形态灵活自由。背立面的一层是带有优雅曲线装饰的连续候车廊，二层为连续的椭圆形窗。典型的同心圆与三条直线的装饰符号应用在了窗间墙、窗贴脸、壁柱、墙体转角等多个部位。

The original Harbin railway station was built in 1899 with a brick-wood structure, which was officially opened in 1905 and demolished in 1959. It consisted of first, second and third-class waiting rooms, Chinese waiting room, central hall and restaurant.

As a master piece of Art Nouveau architecture in Harbin, the building presented an asymmetrical composition, and an impressive main entrance was with flowing curves and a large elliptical window in the middle, on both sides of which stood two tower-like pillars that broke through the eave. A row of pilasters which also broke through the eave divided the facade rhythmically. On the back facade there was a passengers' portico with elegant curved elements on the first floor, and a row of elliptical windows on the second floor. Typical decorative symbols of concentric rings and three straight lines could be seen on the wall between windows, window casings, pilasters and corner of the wall.

站台 Platform

主入口 Main entrance

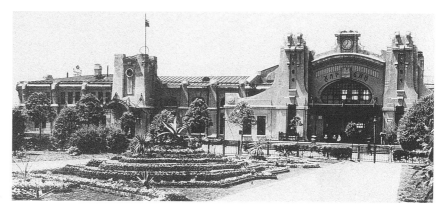

主入口
Main entrance

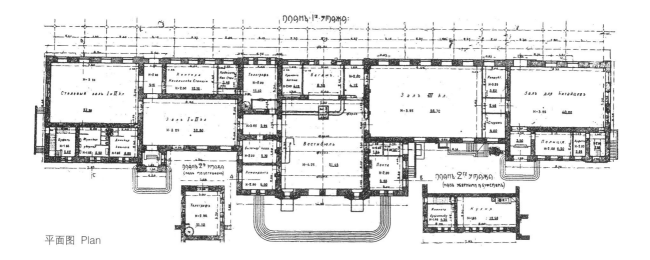

平面图 Plan

正立面图 Drawing of front facade

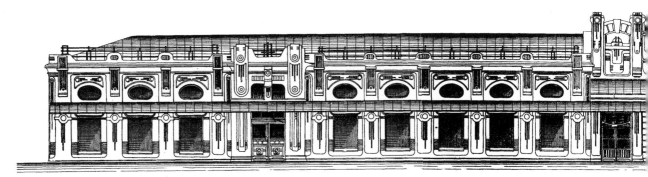

背立面图 Drawing of back facade

侧立面图 Drawing of side facade

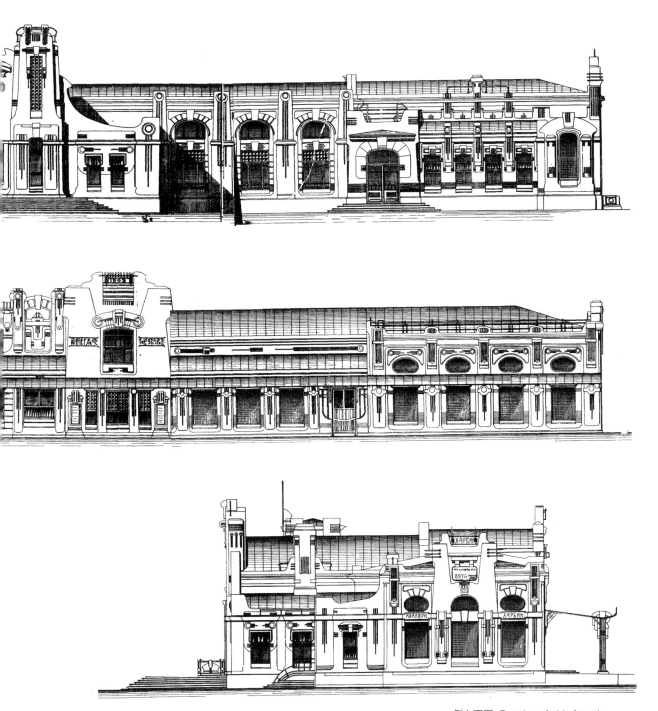

侧立面图 Drawing of side facade

背立面局部
Part of back facade

主入口细部
Detail of main entrance

历史照片 Historical photo

原中东铁路管理局
Administration Bureau of CER

建于 1902 年 4 月，1904 年 2 月竣工，位于南岗区西大直街 51 号，建筑主体三层，局部两层，砖木混合结构，是现存规模最大的新艺术建筑，设计师为奥勃洛米耶夫斯基。

建筑平面呈俄文字母 Ж 字形，左右均衡对称，外表以灰绿色石材饰面，造型简洁端庄。正立面由三个水平伸展的体块连接而成，中央体块呈竖向构图，墙面上有简化的壁柱；取消了传统的水平大檐口，局部女儿墙的尽端做成曲线涡卷，阳台、主入口上部与女儿墙的铁质栏杆形状自由、曲线浪漫；室内楼梯栏杆有金属与木质两种，栏杆和扶手均采用流畅的曲线形装饰，设计精美。

Located at No.51 Xidazhi Street, Nangang District, this building was constructed in April 1902 and completed in Feb 1904, and designed by Oblomievsky. With a brick-wood structure of three-storeyed central part and others two-storeyed, it is the largest existing Art Nouveau building in Harbin.

The plan of the building is symmetrical and similar to the Russian letter "Ж". Surface of the building is decorated by grey-green stones. Three blocks is connected to form the facade, and the central block is composed vertically with simplified pilasters on the wall. Traditional huge eave disappeared, and volutes are used as the end of parts of the parapet. The iron railing of balcony, the upside of main entrance and part of parapet are in free and romantic curves. For the interior metal and wood railings are adopted and all decorated with flowing lines as well as the handrails.

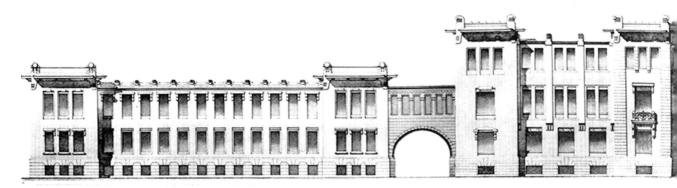

正立面图 Drawing of front facade

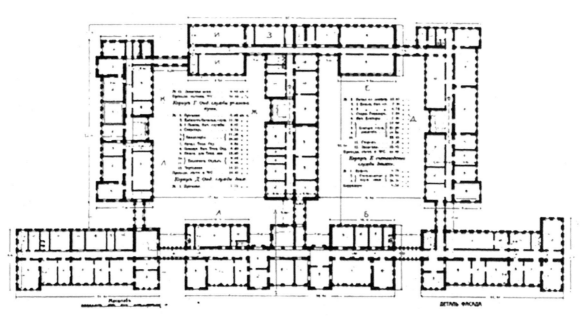

二层平面图 Plan of the second floor

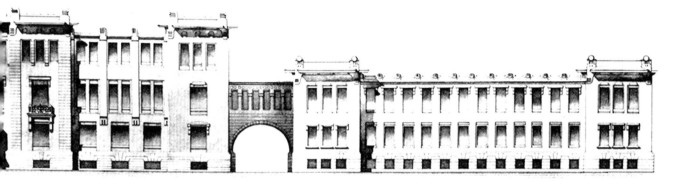

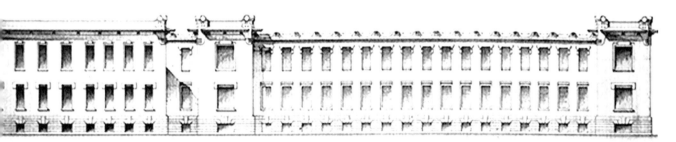

北立面图 Drawing of the north facade

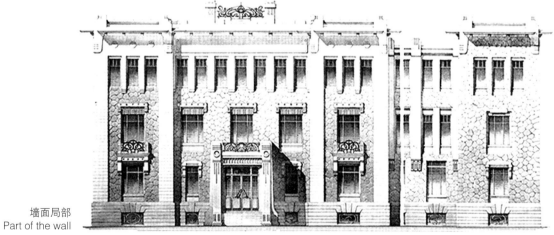

墙面局部
Part of the wall

墙面局部 Part of the wall

主入口 Main entrance

过街门洞 Passway

阳台 Balcony

室内 Interior

原中东铁路技术学校
Technical School of CER

　　建于 1904 年，位于南岗区公司街 59 号，原为哈尔滨华俄工业技术学校，后曾为俄国驻哈尔滨总领事馆，建筑两层，砖木混合结构。

　　建筑历经两次扩建，立面曾被多次改变。现有立面造型优雅舒展，主入口由流畅的半椭圆形弧线围合一门二窗构成，两侧壁柱从檐口自然垂落成顺滑弧线，以一对装饰性柱墩结束。转角在扩建时增设带穹顶的塔楼，其一层窗也采用半椭圆形三分窗，独特的女性头像浮雕被置于券心石及墙面上，是哈尔滨仅存的实例。

　　Built in 1904, No.59 Gongsi Steet, Nangang District, it was the original building of Sino-Russia Technical School of CER, with a two-storey brick-wood structure.

　　The building had been expanded twice and the original facade had been changed several times, leaving the existing facade stretchy and elegant. The main entrance consists of one door and two windows enclosed by an ellipse-shaped fluent curve, and two pilasters from both sides naturally fall from the eave and end with two decorated pedestals. A tower built during the expansion with a small dome on top stands on the corner of the building, whose window of the first floor is the same half-ellipse shape, and unique female head reliefs are placed on the keystone and the wall of the tower, which is the only existing example in Harbin.

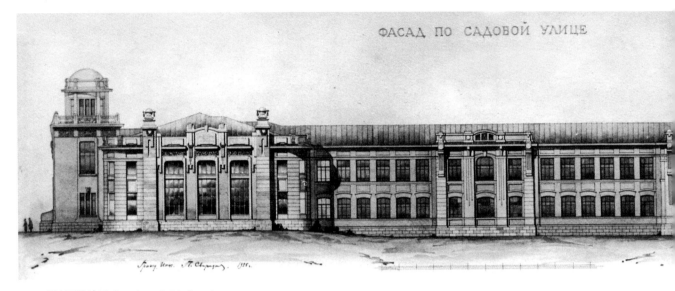

侧立面设计图 Drawing of side facade

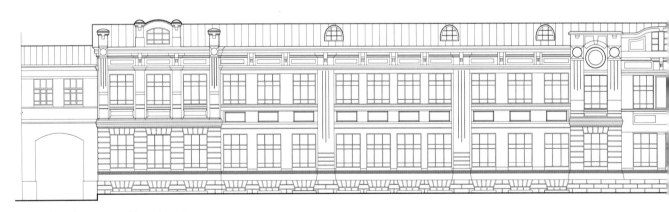

正立面图 Drawing of front facade

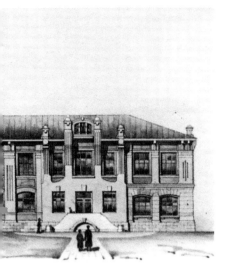

历史照片 Historical photo

正立面设计图 Drawing of front facade

南立面 South facade

墙面局部 Part of the wall

原东省特别区地方法院
Local Court of the Special Administration Region of Eastern China

建于 1926 年以前，位于道里区石头道街 81—91 号，建筑三层，砖木混合结构。

建筑位于街道转角处的部分通过半圆形的阁楼窗和墙面的水平线条被突出出来，主立面的壁柱加强了竖向划分，壁柱上饰有典型的同心圆形与三条竖线的装饰母题。立面上不同尺寸的几个阳台均以线条简洁流畅的矮柱和铁栏杆构成，虚实相映，轮廓优美。

The three-storey building located at No.81—91 Shitoudao Street was built before 1926 with a brick-wood structure.

Its part on the cross corner of the street is strengthened by the semicircle dormers and the horizontal lines on the wall. Pilasters as the vertical elements on the main facade are decorated by the typical motif of concentric circles and three vertical lines. Balconies in different size on the facade consist of short posts and wrought iron railings that are both in simple and smooth lines, thus make a good combination of the void and the solid, and give a beautiful outline.

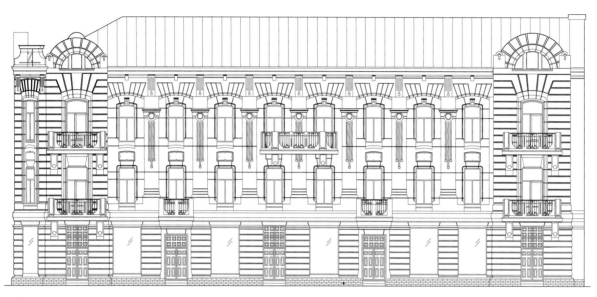

南立面图 Drawing of the south facade

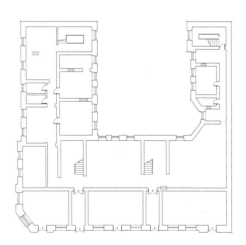

一层平面图 Plan of the first floor

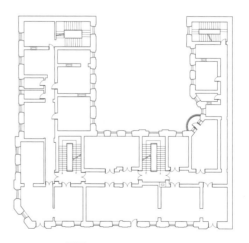

二层平面图 Plan of the second floor

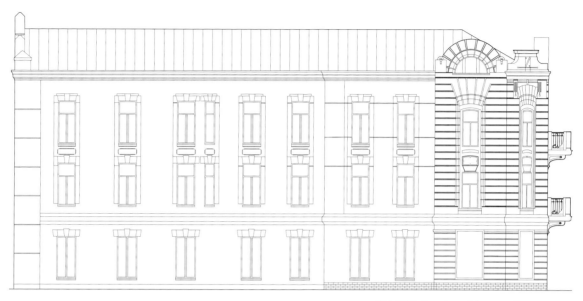

西立面图 Drawing of the west facade

墙面局部 Part of the wall

墙面金属装饰 Metal ornament on the wall

阳台 Balcony

阳台 Balcony

墙面局部 Part of the wall

原中东铁路督办公署
CER Supervisor's Administration Office

建于 1910 年，位于南岗区西大直街 41 号，中部三层，两侧两层，砖木混合结构。

整个建筑沿水平向对称式展开，墙面上均匀分布着阴刻水平线条，两个入口以三角形小山花、拱窗和弧形女儿墙加以突出。带有三条竖线线脚的牛腿从檐下顺滑连接到墙面直至最终与墙面融为一体，檐壁处成组布置圆形花朵图案，形成水平装饰带。

It was built in 1910 and located at No.41 Xidazhi Street, Nangang District. It is a brick-wood structure, which is three-storeyed in the middle part and two-storeyed on both sides.

The whole building horizontally stretches with a symmetric layout. Concave horizontal lines are well-distributed on the wall, meanwhile the two entrances are emphasized by little pediment, arched window and curved parapet. The corbels with three vertical lines on it flow smoothly from the cornice to the surface of the wall and finally disappear in it. Groups of round flower ornaments are placed on the frieze and thus form a decorative band under the eave.

墙面局部 Part of the wall

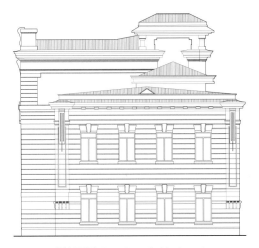

侧立面图 Drawing of side facade

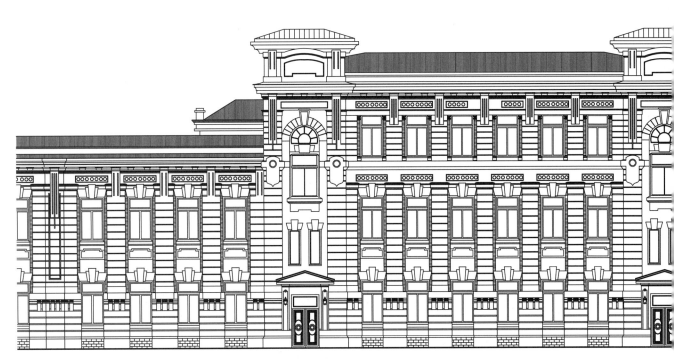

正立面图 Drawing of front facade

入口 Entrance

墙面局部 Part of the wall

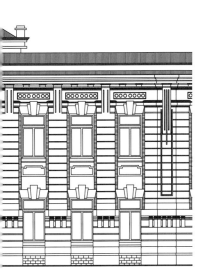

墙面局部 Part of the wall

原意大利领事馆
Italian Consulate in Harbin

建于 1924 年，位于南岗区松花江街 107 号，建筑一层，砖木混合结构。

建筑平面不规则，南侧转角曲线圆润，立面檐口线高低错落，矩形窗结合部分的圆角方额窗；主入口上方带有起伏的曲线装饰，三个或四个一组的方块装饰在窗或主入口上部，以规则几何形来形成韵律感。

It was built with a brick-wood structure in 1924 as the Italian Consulate and located at No.107 Songhuajiang Street, Nangang District.

The plan is irregular, of which the south corner is in round curve. Lines of the eaves are ups and downs with rectangular windows combined with round-corner-head windows. A hill-like curve is used above the main entrance, while groups of three or four small cubes are decorated above the windows and entrance thus makes a sense of rhythm by these regular geometric units.

侧立面图
Drawing of side facade

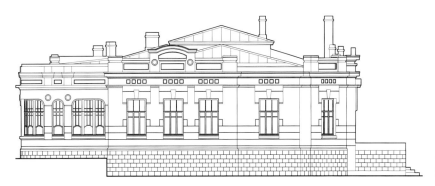

侧立面图
Drawing of side facade

正立面图 Drawing of front facade

主入口 Main entrance

墙面局部 Part of the wall

圆角窗 Round-corner-head window

墙面局部
Part of the wall

转角墙面
Wall at the corner

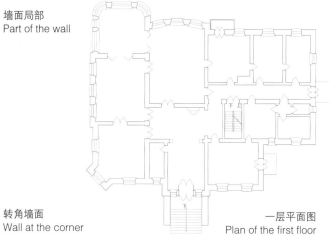

一层平面图
Plan of the first floor

原中东铁路警察管理局
Police Station of CER

建于 1908 年，1925 年竣工，位于南岗区民益街 85 号，建筑两层，砖木混合结构。

建筑沿水平向展开，古典的柱式、三角形山花和弧形山花突出强调了主入口；二层墙体上设一条连续的水平装饰带，内有植物纹样浅浮雕，将二层所有的窗联系在一起。女儿墙轮廓起伏，并有节奏地出现双重圆形装饰。

The building which is located at No.85 Minyi Street，Nangang District, was built in1908 and completed in 1925, with a two-storey brick-wood structure.

It stretches horizontally with a main entrance emphasized by classical columns, pediment and curved pediment. On second floor a continuous decorative band with plant pattern bas-reliefs connects all the windows together. The parapet is designed ups and downs of its outline with two round ornaments appearing rhythmically.

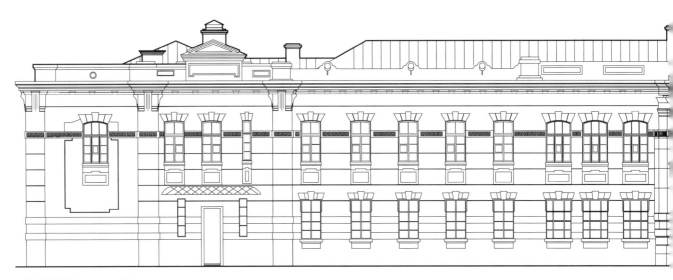

正立面图 Drawing of front facade

主入口 Main entrance

墙面装饰 Decoration on the wall

转角墙面 Wall at the corner

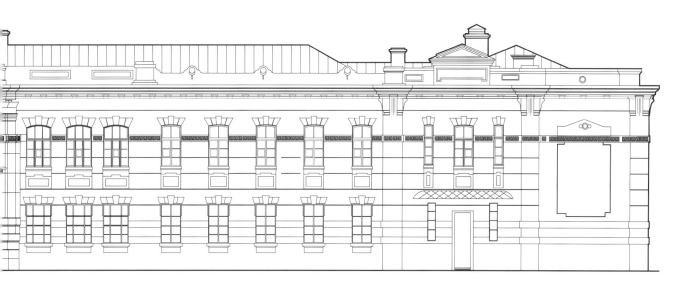

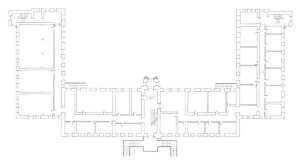

一层平面图 Plan of the first floor

檐口局部 Part of the eave

女儿墙局部 Part of the parapet

原丹麦领事馆
Danish Consulate in Harbin

建成于 1920 年，位于道里区田地街 89 号，建筑两层，砖木混合结构。

整体呈非对称布局。局部的女儿墙以和缓的曲线在檐口上形成引人注目的效果，立面上的窗为圆角方额形，二层的窗带有窗套并且宽于一层的窗。阳台由弧线与直线轮廓的栏板构成，或结合了带有生动线条的锻铁栏杆。圆形和三条竖线的装饰应用在托檐石、阳台、女儿墙等多处部位。

It was built in 1920, located at No.89 Tiandi Street, Daoli District. It is a brick-wood structure in two floors.The whole building is of an asymmetric layout. Some arresting parts of the parapet are in flat curve above the horizontal cornice. On the facade, all the windows are round-corner-headed, but those of the second floor with window-casings are much wider than those of the first floor. Balconies consist of curved-outline fences or fences combined with wrought iron railings with vivid curves and lines. Typical ornaments of circles and three vertical lines are used on corbels, balconies and parapet.

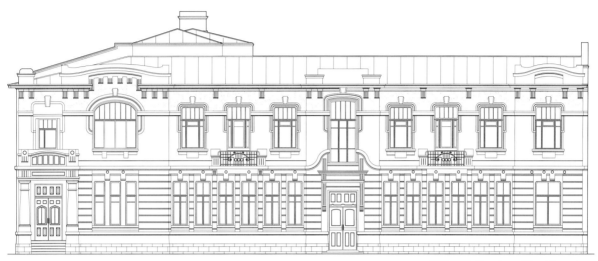

正立面图 Drawing of front facade

主入口 Main entrance

阳台 Balcony

历史照片 Historical photo

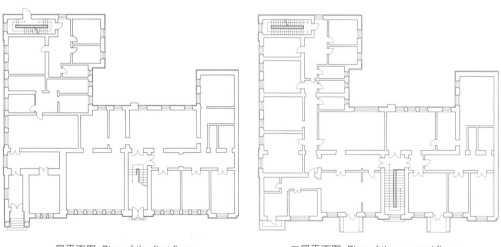

一层平面图 Plan of the first floor   二层平面图 Plan of the second floor

原俄侨事务局
Russian Migration Office

建于 1925 年，位于道里区西五道街 37 号，建筑三层，局部设阁楼，砖木混合结构，现已毁。

建筑呈对称布局。墙面上最引人注目的是形态和尺寸各异的窗，每层各不相同，既有圆形、矩形、扁弧形窗，也有三联圆券窗；窗棂或为曲线，或为直线，变化丰富。三层窗口均带有扁弧形与小柱子组合的装饰框，造型奇特。金属的阳台栏杆及女儿墙均采用了灵动的曲线形式。

It was built in 1925 and located at No.37 Xiwu Street，Daoli District. It is a three-storey building with an attic, which is brick-wood structure, but had unfortunately been destroyed.

The layout of the building was symmetrical. What the most impressive on the facade were the various windows in different size and form, alternating in different floor. There were not only circular and rectangular windows, but also flat-arch windows and triple windows. Meanwhile the window lattices were also enriched by curves and straight lines. On the facade of the third floor, fancy-formed decorative frames combining flat arches and little columns could be seen outside the windows. Both metallic balcony railings and the parapet adopted lively curves.

原扶伦育才讲习所
The Fulun Yucai Lecture Hall

建于 1926 年，位于道里区中医街 101 号，建筑三层，砖木混合结构。

整体非对称布局。墙面带有大量的装饰线脚，圆形、半圆形、竖线、弧线等多种装饰线脚应用于檐下、壁柱、窗间墙等部位。阳台的金属栏杆造型生动流畅，立体突出；女儿墙的金属栏杆则以圆环与弧线和直线相结合，形成连续的韵律。主入口上方的女儿墙被做成山头造型凸显于主立面。

It was built in 1926 and located at No.101 Zhongyi Street, Daoli District in brick-wood structure with three storeys.

The whole building is in asymmetric layout with a great deal of decorative mouldings on the wall. Circles, semicircles, vertical lines and arcs are used on the frieze, pilasters and the wall between windows. The metal railings of balcony are vivid, smooth, and prominent, while the metal railing of the parapet combined with rings, arcs and straight lines are full of continuous sense of rhythm, and the part of parapet above the main entrance is designed into a hill-like form prominent on the facade.

正立面图 Drawing of front facade

墙面局部 Part of the wall

阳台 Balcony

室内楼梯 Indoor stairs

原哈尔滨工业大学宿舍
The Dormitory of Harbin Institute of Technology

建于 1929 年，位于南岗区复华二道街 1 号，建筑主体两层，砖木混合结构。

水平向构图、突出的主入口门廊、大台阶和坡道，以及主入口上方被三分的阁楼窗和檐口上整齐的椭圆形阁楼窗是这个建筑给人的突出印象，简洁有力的壁柱和檐壁上装饰着一系列小方块和方块组合，极具特色。

Built in 1929 and located at No.1 Fuhua'er Street, Nangang District, it is a brick-wood structure whose main part is of two storeys.

One can be first impressed by its horizontal composition, arresting main entrance with a portico, large staircase and the ramp, together with the three-divided attic window above the entrance and a row of elliptical attic windows above the cornice. A series of small cubes and cube units are decorated on the frieze and simplified pilasters.

正立面图局部　Part of the drawing of the facade

主入口　Main entrance

墙面局部　Part of the wall

原中东铁路商务学堂
Commercial School of CER

建于 1906 年，位于南岗区西大直街 55 号，建筑两层，砖木混合结构。

建筑立面上几对纤细的壁柱突破檐口形成跳跃的天际线。密集小方格网在檐壁上形成水平的装饰条带，墙面及女儿墙上以成组的小圆形装饰与植物图案装饰和浅浮雕相结合。室内楼梯采用木质栏杆，造型独特。

Built in 1906 and located at No.55 Xidazhi Street, Nangang District, it is a brick-wood structure with two storeys.

Pairs of slim pillars go straight up and break through the eave on the facade，giving a lively skyline to the building. Dense square grid occupies the frieze and thus forms a decorative band. Groups of small circles combined with plant patterns and reliefs are used as the decoration on the wall and the parapet. Staircases indoor use the wooden railings which are in smooth and prominent features.

主入口 Main entrance

历史照片 Historical photo

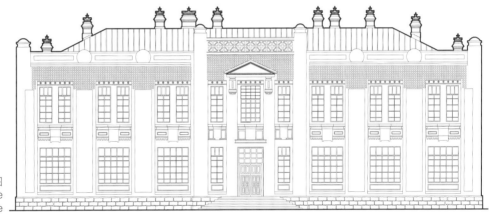

侧楼正立面图
Drawing of a side
block facade

正立面图
Drawing of
front facade

墙面局部 Part of the wall

墙面局部 Part of the wall

室内楼梯 Indoor stairs

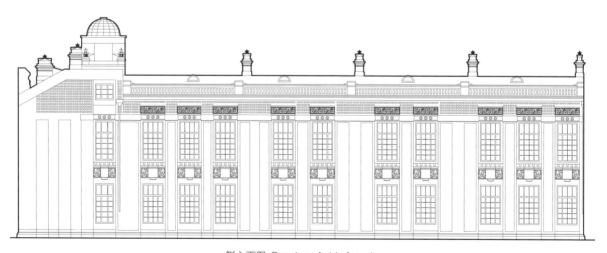

侧立面图 Drawing of side facade

原南满铁道"日满商会"
Sino-Japanese Chamber of Commerce for South Manchuria Railway

建于 1907 年，位于南岗区果戈里大街 401 号，主体两层，砖木混合结构。

建筑呈对称布局，入口处特色最为突出，自上至下分别为弧线划分的阁楼窗、圆形的二层门窗和扁拱形的一层入口；阳台金属栏杆简洁舒展、转角柔和；壁柱突破檐口限制向上伸展，柱头轮廓简洁有力。

It was built in 1907 and located at No.401 Guogeli Street, Nangang District. It is a brick-wood structure, of which the main part is two-storeyed.

The whole building is in symmetric layout with a most characteristic entrance part. From top to bottom of the entrance, there can be seen curved-muntin attic window, round window and flat-arched door. Metal railings of the balconies are simple, fluency with soft corners. Pilasters on the facade extend upward breaking through the restriction of the eaves, and capitals of the pilasters are simplified but full of strength.

正立面图 Drawing of front facade

历史照片 Historical photo

原圣尼古拉教堂广场栏杆
Balustrades at the Side of St. Nicholas Church Piazza

建于1919年,位于南岗区红军街63号,原为积别洛·索科公馆的围墙。栏杆采用钢筋混凝土材料,模拟植物形态,并采用直线放射与曲线向上两种图案,造型优雅而有力,活跃的轮廓线连绵起伏,形成优美的韵律感。望柱带有儿童头像的浮雕,形态可爱活泼。

It was built in 1919, located at No.63 Hongjun Street, Nangang District, and was originally the balustrades of the house for Gibello-Socco. The balustrades were made of reinforced concrete and presented the form of plants with two patterns of both radiate straight lines and upward extending curves, not only elegant but also strong and powerful. The lively outline gave a feeling of wave and rhythm, and the pillars of the balustrades were decorated with statues of kid's head which were cute and vivid.

栏杆局部 Part of the balustrades

正立面图 Drawing of front facade

历史照片 Historical photo

地段街 77 号建筑
Building at No.77 Diduan Street

建造年代不详，三层，砖木混合结构。

立面呈非对称布局。入口及上部墙面以柱式、山花、涡卷等加以强调，门洞口以柔和曲线围合一门二窗，并在两侧的墙面上装饰有高音谱号。阳台为全金属栏杆，曲线优美灵动。

Its construction time is unknown. It is a three-storey building with the brick-wood structure.

The facade of the building is in asymmetric layout. The entrance and the wall upside are prominent and emphasized by columns, pediment and volute. Doorway of the entrance consists of one door and two windows, and is surrounded by gentle elegant curve. On the wall of both side of the doorway are two G clefs as the decoration. Balconies are translucent with metal railings in beautiful and vivid curves.

阳台 Balcony

墙面局部 Part of the wall

正立面图 Drawing of front facade

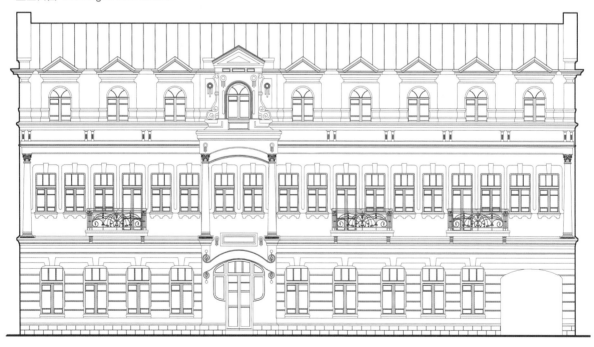

原道里邮电局
Post Office in Daoli District

建于 20 世纪初，位于道里区透笼街东部，建筑一层，砖木混合结构，现已毁。

立面对称，简洁完整。造型上突出主入口，一门二窗，以优美流畅的扁弧曲线围合，上部檐口断开，使入口上方墙面与高起的女儿墙连为一体。入口两侧对称布置两组圆拱窗，以三个一组的圆环装饰于拱窗上方。女儿墙端部也有三个一组的圆形装饰。

It was built in the early 20 century and located in east of Toulong Street, Daoli District, but had been destroyed. It was a one-storey building structured by brick and wood.

The facade of the building was simple and complete in symmetric layout. The entrance was attractive and emphasized by one door and two windows enclosed by a large fluent flat curve. The eave above the entrance was broken so that the wall could connect with the high parapet. Two groups of arched windows were placed symmetrically on both side of the entrance, and three rings as a group were decorated above the arched windows. The upper parts of the parapet were also decorated with three circles.

原海关大楼
The Customs House

建于 1911 年，位于南岗区红军街，火车站对面，主体两层，局部设有阁楼，砖木混合结构，现已毁。

墙体表面装饰植物和花朵浮雕，檐口随着阁楼窗户的形状起伏变化，极具动态；阳台金属栏杆造型简洁，通透优美，女儿墙部分砖砌栏板与金属栏杆虚实结合，对比明显。

It was built in 1911, located in Hongjun Street, Nangang District, opposite to the railway station, demolished. It was a two-storey building with attics on part of it, and structured by brick and wood.

There were some embossments with patterns of plants and flowers that decorated the surface of wall. The eaves dynamically changed with the shape of the attic windows. The metallic railings of balcony were simple, transparent and graceful. On parapet the brick fence combined with the metal railings, which were obviously contrasted.

原齐齐哈尔驻哈尔滨办事处
Qiqiha'er Office in Harbin

建造年代不详，位于南岗区，建筑二层，砖木混合结构，现已毁。

建筑呈对称构图，墙面有宽大的壁柱进行竖向划分，并使檐口分段；女儿墙上对称布置两个山形挑檐并结合金属栏杆。主入口通过上部的弧形挑檐和长拱窗加以突出，矩形的窗两个或三个一组，阳台栏杆采用空透的金属栏杆。整栋建筑整齐有序，简洁大方。

It was located in Nangang District and the construction time is still unknown. It had two floors with the brick-wood structure. Now destroyed.

The large pilasters on the wall vertically divided the facade and the eave into several parts. Two pieces of hill-like eaves were put on the parapet combined with metal railings. The entrance was also emphasized by a curved eave above it and a tall flat-arched window. Rectangular windows were used in group of two or group of three on the facade, and metal railings of balconies made a sense of transparency. The whole building was featured by order and simplicity.

原尚志小学
Shangzhi Primary School

建于 1927 年，位于道里区尚志大街，建筑二层，砖木混合结构，现已毁。

建筑立面采用突出墙体的纵横线脚进行划分，在其交汇处与端部设有圆环内雕花饰符号。一二层之间的墙面有内凹装饰曲线。女儿墙上的矮柱排列有序，顶端以非同心的圆环和三条竖直线为装饰。立面所有窗均采用圆角方额的矩形，排列整齐，大小划一。

It was built in 1927, located in Shangzhi Street, Daoli District, and had two floors with brick-wood structure. Now destroyed.

The facade of the building was full of convex straight lines which were used in group of three, horizontally and vertically. At the junction and the top of these lines, there were decorative symbols of rings and flower patterns in it. Decorative frames with concave curves were used between the walls of the first and the second floors. The short pillars of the parapet were arranged orderly, on top of which there were non-concentric rings and three vertical lines as decoration. All windows on the facade were round- corner-head rectangular in the same size and well arranged.

原吉林铁路交涉局
Jilin Railway Affairs Office

建于 1919 年，位于道里区柳树街副 13 号，建筑二层，砖木混合结构。

建筑对称布局，屋顶轴线上是突出的方形穹窿，两侧对称布置了两段弧形檐口线，檐壁处布满大量精致的花纹线脚。二层中央是一个宽大的扁弧曲线窗，配以近似曲线的窗棂，成为主入口上方最引人注目的部分。两边的弧形檐口线下也对称布置了两个稍小的扁弧形窗。

It was built in 1919, located at No.13 Liushu Street, Daoli District. The building is of brick-wood structure with two storeys.

On the symmetrical axis of the building, there is a prominent square-base dome on top of the roof, and two pieces of curved eaves are symmetrical arranged on both sides of the dome. A great deal of exquisite flower mouldings decorates the frieze. The most arresting part above the entrance is a wide flat-arched window on the second floor, with similar curved muntins, meanwhile two narrow flat-arched windows are also placed symmetrically under the curved eaves.

原日本国际运输株式会社哈尔滨分社
Harbin Branch of Japanese International Transportation Co.

建于 1923 年，位于道里区地段街 120 号，建筑三层，砖木混合结构。

立面采用多种装饰，阳台的金属栏杆造型精美，个别栏杆扶手呈曲线。三层设置双联窗，转角处对称设置三联门窗，上额弧形线脚两端饰以涡卷，将其连接成为一个整体。支撑阳台的托檐石采用曲线，表面为植物浮雕装饰。建筑整体造型多变而富有韵律感。

It was built in 1923 and located at No.120 Diduan Street, Daoli District. The building is a three-storey brick-wood structure.

Various decorations are used on the facade. The metallic railings of balconies are in exquisite shapes and several handrails present curve. There are double-windows on the third floor, and triple-door-windows set on the street corner symmetrically, above which two volutes are linked by the arc moldings into a whole. Supporting stones under the balcony are in curve and decorated by plant patterns on the surface. The whole appearance is changeful but with a sense of rhythm.

转角阳台 Balcony at the corner

阳台 Balcony

阳台 Balcony

墙面局部 Part of the wall

阳台 Balcony

买卖街 92 号建筑
Building at No.92 Maimai Street

建于 1927 年，位于道里区买卖街 92 号，建筑二层，砖木混合结构。

立面上突出主入口部分：立柱、山花、弧形的门洞口及金属雨篷，以一条纵向轴线串联起来。檐口上方的女儿墙以矮柱墩和带有圆形的金属栏杆组合，墙面上均匀排列着扁弧形窗，水平的凹线脚均匀分布在壁柱上，并在一层与窗口上方的放射状凹线脚结合，形成连续的波动状韵律感。

Built in 1927, located at No.92 Maimai Street, Daoli District, this building is a brick-wood structure with two floors.

The most prominent part on the facade is the main entrance, with columns, pediment, flat-arched door and metal canopy together connected by a vertical axis. The parapet above the eave consists of short pillars and metal railings with circle elements. Flat-arched windows are arranged regularly on the wall, while horizontal concave lines distribute evenly on pilasters and combine with the radiate concave lines above the windows on the first floor, thus make a sense of waving rhythm.

正立面图 Drawing of front facade

转角墙面 Wall at the corner

墙面局部 Part of the wall

原吉黑榷运局
Jilin-Heilongjiang Salt Monopoly Bureau

建于 1924 年，位于道外区新马路 74 号，建筑三层，砖木混合结构。

主入口部分最具特色。二层窗呈圆角平额，窗棂采用放射状曲线与同心弧线及直线相交织，配以彩色玻璃；三层窗为马蹄形，但窗棂为直线形，浪漫之中带有理性逻辑。室内门扇采用曲线轮廓，楼梯金属栏杆为不规则曲线图案，细密精致。

It was built in 1924, located at No.74 Xinma Street, Daowai District. It is a three-story building in brick-wood structure.

The most characteristic part is the upper side of the main entrance. The window on the second floor is round-corner-head, whose muntins consist of radiate curves, concentric arcs and straight lines, and are inlaid the stained glass. The window on the third floor is a horseshoe one but the muntins are in straight lines, making a sense of rational logic out of the romance. The door inside the building is in curved outline and the metal railings of stairs are in irregular curved patterns, showing an exquisite flavor.

原陀思妥耶夫斯基中学
Dostoyevsky Middle School

建造时间不详，位于原新买卖街（现果戈里大街），建筑二层，砖木混合结构，现已毁。

立面对称严谨。主入口上方女儿墙端部以涡卷作为结束，其两侧连接流动感极强的流畅弧线，结束端向上翻卷。墙面窗口上部装饰有曲线线脚，窗户均为圆角窗，部分为圆弧状。墙面对称布置阳台，以金属栏杆围合。

It was located in the former Xinmaimai Street (now Guogeli Street), Nangang District with two floors. It is of the brick-wood structure, the construction time is unknown and it had already been destroyed.

The facade of the building was strict symmetric. The parapet on top of the main entrance presented a hill shape and ended with scrolls, which linked the strong flowing curves on both sides with the upward turning end. Top of the windows on wall were decorated by the curved moldings, and there were both round-corner-head windows and arch windows. Balconies were placed symmetrically on the wall and encompassed by metal railings.

原哈尔滨总商会
Harbin General Chamber of Commerce

建成于 1927 年 1 月，位于道里区田地街 99 号，建筑两层，砖木混合结构。

建筑呈对称布局，墙面简洁，最具特色的是高大的女儿墙上对称布置的两组金属栏杆，模仿植物藤蔓形态，婉转生动，造型精美，虚实相映，具有很强的艺术表现力。

Completed on Jan 1927, this building is a two-storey brick-wood structure, located at No.99 Tiandi Street, Daoli District.

The whole building is in symmetric layout with simplified walls. The most characteristic part is the high parapet, with two sets of symmetrically placed metal railings imitating vivid plant cirrus, tortuous but elegant, making a good combination of the void and the solid and presenting a strong artistic expression.

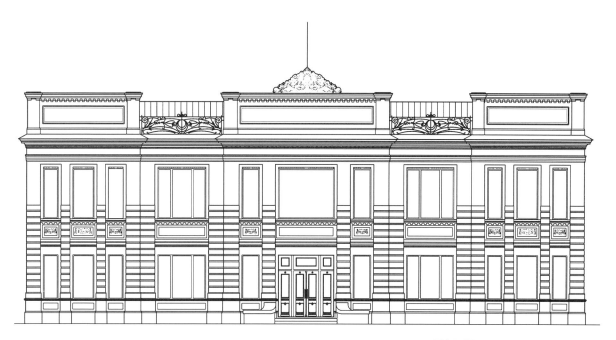

正立面图 Drawing of front facade

女儿墙局部 Part of the parapet

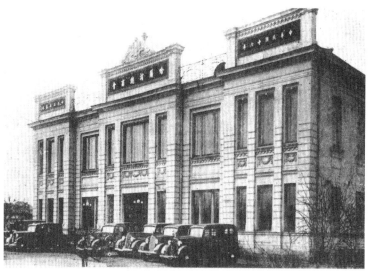

历史照片 Historical photo

5.2 商业建筑 Commercial Buildings

在诸如宾馆、商场、餐厅等商业建筑中，新艺术建筑风格也特别受到青睐，在哈尔滨，大型商业建筑主要分布在南岗、道里两区并位于主要商业街路两旁。在某些具有折中特色的商业建筑中，新艺术语汇有时出现在阳台和女儿墙的金属构件上，如原契斯恰科夫茶庄；还有的出现在女儿墙的线脚和窗的形态上，如原阿基谢耶夫洋行。更多情况下，新艺术建筑语言不仅仅表现在细部，而是全方位的表现，如原中东铁路管理局宾馆和原莫斯科商场表现为比较简洁的新艺术墙面和装饰构件，马迭尔宾馆和原秋林公司道里商店则是以丰富的墙面线脚和流畅的曲线女儿墙为特色，原密尼阿久尔茶食店以舒展的曲线线条贯穿整体与局部。新艺术风格赋予了商业建筑以崭新的时代特色，时尚、优雅而有号召力，为其商业形象增添了更多魅力。

Art Nouveau style had always been favorite by those commercial buildings as hotels, department stores and restaurants. In Harbin, large commercial buildings usually situated along the main shopping street in Nangang and Daoli District. In some buildings with eclecticism flavor the new architectural languages of Art Nouveau appeared in the metal elements of balconies and parapets, such as the Chistiakov Tea Store; in some other buildings like Agisieyev Store, they could be seen on the moldings of the parapets and the form of the windows. More usual, these languages could be seen not only from details but also the whole out skin, for instance, Hotel of CER Administration Bureau and Moscow Bazaar appeared as simple Art Nouveau wall surface and decorative elements, Moderne Hotel and Churin Store in Daoli District were featured by elegant lines on the wall and fluent curved lines on parapets, Miniature Restaurant stretched lines from details to the whole. The style gave these buildings a flavor of a new era, fashionable, elegant, and attractive, thus gave them more charms of their commercial identities as well.

原香坊公园餐厅
The Restaurant in Xiangfang Park

建于 1898 年，曾为哈尔滨第一家餐厅，亦曾作为哈尔滨最早的气象台，建筑两层，局部带有塔楼，砖木混合结构，现已毁。围墙石柱上方带有曲线的木构装饰；建筑入口采用硕大的圆弧门洞，通过竖向的线条将门洞划分为三个部分；女儿墙栏杆连续，韵律统一，其矮柱上带有典型的装饰符号；正立面一层窗贴脸及二层墙身均带有曲线的装饰线脚。

It was the first restaurant built in Harbin in 1898 and also used as the oldest observatory of the city. It was structured by brick and wood with two storeys, but had already been destroyed. Curved wooden ornaments could be seen on top of the two pillars in front of the building. The entrance was a large circle that was divided by vertical lines into three parts. Railings of the parapet were in order and the short pillars were decorated by typical symbols. Other curved decoration mouldings could also be seen from both the window-casings on first floor and the wall on second floor.

马迭尔宾馆
Moderne Hotel

始建于 1906 年，经两期建设，1913 年全面竣工，位于道里区中央大街 89 号，建筑三层，砖木混合结构，设计师为 C·A·维萨恩。"马迭尔"的俄文名为 Модерн，意为摩登的、时髦的、现代的。建筑平面呈 L 形，造型优美舒展。女儿墙轮廓多变，檐口曲线自由流畅，墙身与女儿墙砖垛等多处采用典型的同心圆与竖向线脚组合的装饰语言。二层为方额圆角窗，三层窗额采用不同弧线形处理，既多样又统一。阳台栏杆采用金属材料制作的植物纹样，檐部、阳台下有曲线形支撑构件，造型极为优美。

It was located at No.89 Central Street, Daoli District, built in 1906 and completed in 1913 after two periods of construction, and the architect was C.A.Vensaen. The building is three-storey in brick-wood structure. The Russian name of the hotel is Модерн, which means modern. The plan is in "L" shape, free and excellent forms. The outline of the parapet is changeful and curves of the eave are free and fluency. Concentric circles and vertical moldings are used as the decoration on the wall and parapet. There are round-corner-head windows on the second floor, and different arched windows on the third floor, both varied and unified. Metal plant patterns are used on the railings of balconies under which supporting elements are in extremely graceful forms.

历史照片
Historical photo

历史照片
Historical photo

墙面局部 Part of the wall　　　　　转角局部 Part of the corner　　　　　女儿墙局部 Part of the parapet

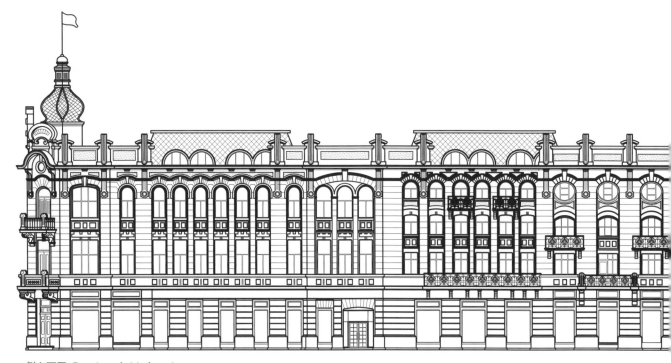

侧立面图 Drawing of side facade

次入口 Secondary entrance

南立面 South facade

正立面图 Drawing of front facade

原莫斯科商场
Moscow Bazaar

建于 1906 年，位于南岗区红军街 50 号，建筑二层，砖木混合结构。

建筑转角及主立面上方设有矩形和正方形穹窿，形成优美的天际线，是最引人注目的部分。女儿墙和穹顶上装饰有金属构件。立面采用竖向通天的壁柱，其上设弧形装饰线脚，并用流线型金属装饰构件点缀。半椭圆形窗竖向分为三部分，在立面上连续组合，极具表现力。

It was built in 1906, located at No.50 Hongjun Street, Nangang District. It is a two-storey building with a brick-wood structure.

Rectangular-based and square-based domes are adopted at the turning corner and above the main facade, which form the graceful skyline and the most impressive part of the building. Decorative metal elements are used on the parapet and top of the domes. The pilasters go straight upwards without limitation of the eave, and are decorated by curved moldings and streamlined metal elements. Half-ellipse-shaped triple windows are arranged continuously on the second floor, which make the facade undoubtedly expressive.

墙面局部
Part of the wall

墙面局部
Part of the wall

墙面金属装饰
Metal ornament on the wall

历史照片 Historical photo

历史照片 Historical photo

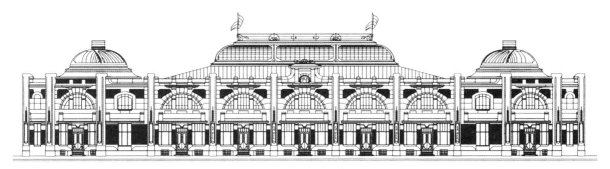
立面设计图 Drawing of the facade

原秋林公司道里商店
Churin Department Store in Daoli District

建于1910年前，位于道里区中央大街107号，原为法籍犹太人萨姆索诺维奇兄弟商会，1915年转卖给秋林公司，成为秋林洋行道里分行，建筑三层，砖木混合结构。

三层窗户采用弧形贴脸，墙身上部的弧形线脚相连呈波浪状。窗间墙还饰有同心圆与竖线组合装饰符号。端部二层的椭圆形大窗格外突出。女儿墙局部呈曲线，突出地强调了重点部位。转角入口上方设有优美的弧线装饰构件。

It was built before 1910, located at No.107 Central Street, Daoli District. It was originally the Brother's Company created by the French Jew named Samsonovky and later sold to Churin Company in 1915, as a branch in Daoli. It is a three-storey building in brick-wood structure. Curved moldings are used above the windows on third floor, and they link together in a wave shape on top of the wall. The walls between windows are decorated with the concentric circulars and vertical lines, and a large ellipse-shape triple window stands out of the end of second floor. Parts of the parapets are in curve and emphasize the key point, and a beautiful decorative arc element is set on the upper side of the entrance at the corner.

墙面细部 Details on the wall

墙面细部 Details on the wall

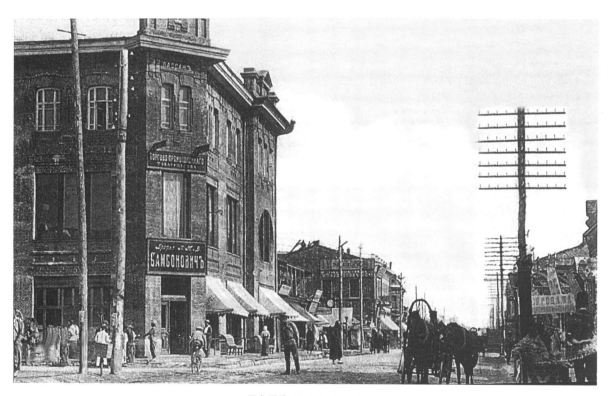

历史照片 Historical photo

侧立面图 Drawing of side facade

墙面局部
Part of the wall

正立面图 Drawing of front facade

原中东铁路管理局宾馆
Hotel of CER Administration Bureau

建于 1902 年，1904 年竣工，位于南岗区红军街 85 号，伪满时期曾为"大和旅馆"，建筑二层，砖木混合结构，设计师为伊格纳齐乌斯。

外形简洁利落，建筑细部采用植物形态花饰与曲线装饰线脚。主入口的雨篷建于 1936 年，采用较细的四根铁柱支撑，棚顶和檐下搭配彩色玻璃，周边自由伸展的金属曲线，形如生长的藤蔓。主入口木质门扇亦为曲线造型。转角处高起的弧形女儿墙与两侧金属栏杆构成极具个性化的立面造型。

Originally the Hotel of CER Administration Bureau and later Yamato Hotel in Manchukuo period, it was built in 1902 and completed in 1904, with a two-storey brick-wood structure located at No.85 Hongjun Street, Nangang District. The chief engineer was S.V.Ignatzius.

The building is simple and clean in appearance. It adopts large amount of ornaments with plant patterns and curve mouldings in detail. The canopy of the main entrance was built in 1936, supported by four slim iron pillars, and stained glasses are inlaid into the canopy, where decorative metal curves expand on the edge freely like growing cirrus, and a wooden door with stylistic curves is placed at the main entrance as well. A higher parapet on the corner with arcs and volutes contrasts with the transparent metal railings parts.

正立面图 Drawing of front facade

墙面细部 Details on the wall

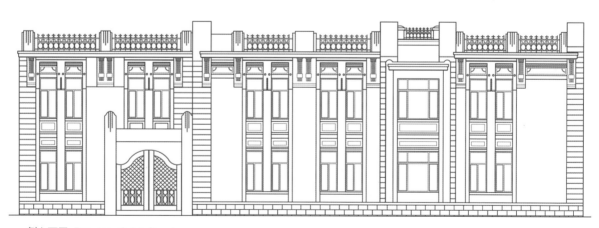

侧立面图 Drawing of side facade

历史照片
Historical photo

历史照片
Historical photo

墙面细部 Details on the wall

墙面局部 Part of the wall

窗 Window

原密尼阿久尔茶食店
Miniature Restaurant

建于 1926 年，1927 年竣工，位于道里区中央大街 85 号，原为犹太人 Э · А · 卡茨开办的"密尼阿久尔"餐厅，建筑两层，砖木混合结构。立面构图上呈现出明显的竖向划分，壁柱向上延伸成为女儿墙的一部分并与由自由活泼的金属构件相结合，虚实相间，富有韵律。墙面饰以圆环状装饰构件及曲线线脚，阳台采用粗壮的弧形实体与金属栏杆结合，富有个性。二层窗及入口门洞均为方额圆角。

It was originally the Miniature Restaurant run by a Jew named E.A.Karts, which was constructed in 1926 and completed in 1927, and located at No.85 Central Street, Daoli District, with a two-storey brick-wood structure. The facade is vertically divided, pilasters go straightly upward and become parts of the parapet combining with lively metal components, making the void contrasting with the solid and full of sense of rhythm.The wallis decorated by rings and curved mouldings, and balconies consist of strong arced solid parts and metal railings, which are full of uniqueness. Both the windows on second floor and the entrance are in round-corner-head shape.

主入口 Main entrance

正立面图 Drawing of front facade

墙面局部 Part of the wall

历史照片 Historical photo

原契斯恰科夫茶庄
Chistiakov Tea Store

建于 1912 年，位于南岗区红军街 124 号，建筑二层，砖木混合结构，设计师为 Ю · П · 日丹诺夫。建筑以转角处主入口上方镶嵌玻璃的穹顶为中心，辅以众多跳跃的小尖塔、法式陡坡顶以及尖券。女儿墙与阳台的金属栏杆采用昆虫和植物纹样，墙面有大量曲线流畅、疏密有致的装饰构件。入口处为门连窗的形式，弧形门棂贯穿两侧。二层均采用方额圆角窗。室内楼梯金属栏杆的曲线造型优美浪漫。

It was built in 1912, located at No.124 Hongjun Street, Nangang District, with a two-storey brick-wood structure, which was designed by Yuri Petrovich Zhdanov. The building takes the glass dome above the main entrance at the corner as the composition center, which is assisted by decorative bouncing pinnacles, French steep roof and pointed arches. Metal railings on parapet and balconies adopt unique patterns of plants and insects. The entrance is in door-window form with a long curved muntin. All windows on the second floor are round-corner-head, and metal railings of the stair inside are in graceful and romantic curves.

历史照片 Historical photo

转角处 The turning corner

历史照片 Historical photo

墙面局部 Part of the wall

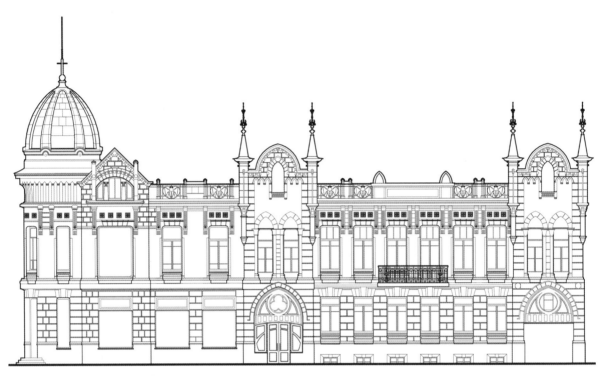

北立面图 Drawing of the north facade

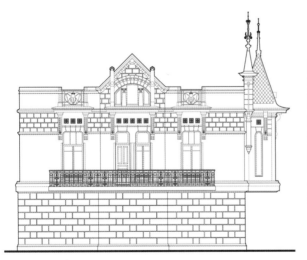

南立面图 Drawing of the south facade

女儿墙上的金属栏杆 Metal railing on parapet

原阿基谢耶夫洋行
Agisieyev Firm

建于 1910 年，位于道里区中央大街 104 号，原为俄国商人阿基谢耶夫兄弟开办的"阿基谢耶夫兄弟商行"。
1922 年，俄籍犹太人边特兄弟在此开设"边特兄弟商行"。建筑两层，砖木混合结构。

建筑立面曾被多次改造。现有立面上以科林斯壁柱与圆角方额窗形成奇妙的组合。女儿墙的矮柱尽端呈半圆形，
相互间曾与金属构件连接，矮柱上有圆形与三条竖直线的组合装饰。

It was built in 1910, located at No.104 Central Street, Daoli District. Originally it was Russian
Y. H. Agisieyev Brother's Firm" (Агисеев), and later changed into "Bent Brother's Firm" (Бентъ)" in
1922. This two-storey building is a brick-wood structure.

Its facade has been changed several times. The facade today is a fantastic combination of Corinthian
pilasters and round-corner-head windows. The short pillars of parapet which were connected by metal
railings in the past have arched tops, and are decorated by circles and three vertical lines.

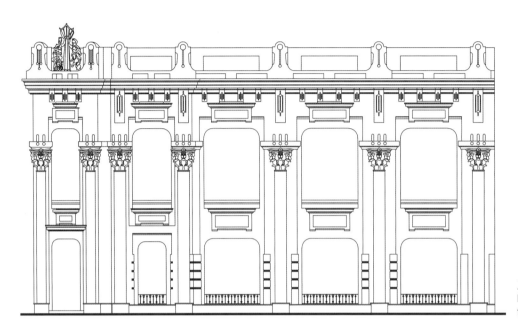

正立面图
Drawing of front
facade

历史照片
Historical photo

女儿墙与檐口 Parapet and the eave

历史照片
Historical photo

中央大街 42—46 号建筑
Building at No. 42—46 Central Street

建于 20 世纪 30 年代，位于道里区中央大街 42—46 号，原为兴记呢绒店，建筑两层，砖木混合结构。

立面由壁柱进行竖向划分，部分壁柱冲破檐口与女儿墙融为一体，壁柱结束端均为半圆形并饰以非同心圆环符号。建筑转角及两端上方的女儿墙以带有同心圆的弧形山花结束。二层阳台的金属栏杆曲线柔美、浪漫自由。整体造型富有韵律感，柔和清秀，尺度宜人。

It was built in the 1930s, located at No. 42—46 Central Street, Daoli District, originally was Xingji Woolen Store. It is a two-storey building in brick-wood structure.

The facade is divided by vertical pilasters, which break through the eave and combined with parapet, ending in semicircle shape and decorated by non-concentric rings. Parapets above the corner and two endings are curved pediments with groups of concentric circles. Metal curved railings of balconies on second floor are graceful, romantic and free. The entirety of the building is full of rhythm, comeliness and pleasant scale.

正立面图 Drawing of front facade

墙面局部 Part of the wall

墙面局部 Part of the wall

墙面局部 Part of the wall

原哈尔滨商务俱乐部
Harbin Business Club

建于 1902 年，位于道里区上游街 23 号，建筑二层，砖木混合结构。

建筑立面水平向展开，主入口及其上部墙面处理最为突出。一层的门及二层的三联窗均采用了扁弧曲线上额，并饰以和缓的弧线与两个小涡卷的组合线脚。二层还有一个厚重的阳台，由成组的弧线优美的构件支撑。圆形与三条竖直线的组合符号主要装饰于二层檐下。

It was built in 1902, located at No.23 Shangyou Street, Daoli District, with a two-storey brick-wood structure.

The facade stretches horizontally, and the main entrance and its upper side are especially composed. The door on the first floor and the triple window on second floor are all in flat curved shape, and fluent curves combined with two small volutes are also decorated on their upper sides. There is a massive balcony on second floor supported by groups of beautiful curved elements. Circles and three vertical lines are mainly decorated under the eave.

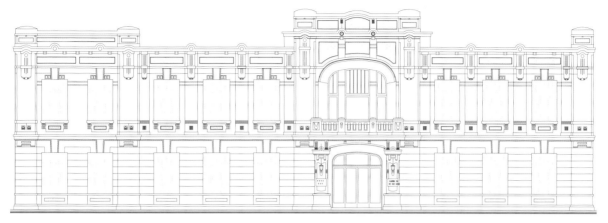

正立面图 Drawing of front facade

历史照片 Historical photo

主入口 Main entrance

墙面细部 Details on the wall

阳台细部 Detail of a balcony

女儿墙与檐口 Parapet and the eave

东大直街 267—275 号建筑
Building at No.267—275 Dongdazhi Street

建于 1930 年以前，三层，砖木混合结构。

建筑整体竖向划分显著，造型简洁平实。墙身上有非同心圆环与三条竖直线组合的典型装饰符号，并有超长的竖直线贯穿了整个二层和三层的墙面，局部的檐口也被打破。

Constructed before 1930, it is of brick-wood structure with three storeys.

The whole building is of a simple and unadorned appearance, with apparently vertical composition. There are typical decorative symbols that non-concentric circles combine with three vertical lines on the wall, and the vertical lines occupy almost all the wall from second floor to the third floor with a fairly long length, meanwhile they break through some parts of the parapet as well.

正立面图 Drawing of front facade

侧立面图 Drawing of side facade

墙面局部 Part of the wall

墙面局部 Part of the wall

原日本朝鲜银行哈尔滨分行
Japanese Korean Bank, Harbin Branch

建于 1916 年，位于道里区地段街 89 号，建筑二层，砖木混合结构。

建筑立面上布置了几组形态各异的三联窗和半圆窗，入口门廊两侧则是宽大的扁弧形窗。二层窗的上部饰有连续的弧形线脚和小圆形。主入口门廊上方的女儿墙覆盖着弧形的深檐，其下是类似半椭圆形三联窗的装饰线脚，两侧连接金属栏杆。

It was built in 1916, located at No.89 Diduan Street, Daoli District. The building is a brick-wood structure with two storeys.

Groups of various triple windows and arched windows are well arranged on the facade, except two wide flat arched windows placed on both sides of the portico of the entrance. Continuous arced mouldings and small circles are decorated on the upper sides of the windows on second floor. The parapet above the portico of the entrance is capped by a hill-like eave with deep shadow, under which there are decorative mouldings similar to ellipse-shaped triple window, and it connects with metal railings on both sides.

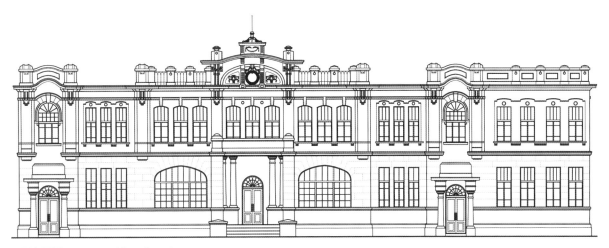

正立面图 Drawing of front facade

历史照片
Historical photo

女儿墙局部 Part of the parapet

墙面局部 Part of the wall

墙面局部 Part of the wall

5.3　居住建筑　Residential Buildings

哈尔滨近代居住建筑中，以中东铁路所属的高级职员住宅采用新艺术风格最多，尤其是独户型高级住宅，如联发街、中山路等处的原中东铁路管理局局长和副局长官邸。这些独户型高级住宅大都分布在铁路管理局所处的南岗区，以铁路管理局为中心散布在其附近的地段；它们都采用了活泼的不对称体量，高低错落，抹灰的砖墙面配以形态各异的窗和大量的装饰性木构件、木阳台以及木门廊等，采用典型的风格化的新艺术曲线母题，舒展流畅，自由灵动，是俄罗斯"木构新艺术"在哈尔滨的典型代表。在中东铁路所属的多户型单元式住宅中，新艺术风格主要表现在女儿墙线脚和金属栏杆、阳台的金属栏杆以及墙面的某些线脚上，同样以曲线线脚为主，金属栏杆多采用自然母题的曲线纹样。20 世纪 30 年代以后，在道里区及南岗区的商住一体的多层住宅建筑中，墙面上经常出现双重圆环加三条垂直线的典型新艺术符号，是新艺术风格在哈尔滨走向符号化的写照。

The Art Nouveau style was widely adopted by the town houses for the senior CER staffs in Harbin, especially the houses which located in Lianfa and Hongjun Street for the director and vice-director of CER. These houses usually distributed near the CER Bureau in the center of Nangang District, with several lively and asymmetrical volumes up or down, and plastered brick wall with various windows and decorative wooden elements, wooden balconies and wooden porches which adopted stylistic Art Nouveau curves, fluent, free and vivid enough to make the houses typical representations of Russian Wooden Art Nouveau in Harbin. Besides, in the apartment buildings belonged to CER, the Art Nouveau languages could also be seen from the lines and metal elements of parapets, metal balustrades of balconies with natural curve patterns and some curves on the wall. After 1930's, there often could be seen from the walls of the storied dwellings in Nangang and Daoli District a kind of Art Nouveau symbol with two rings and three vertical lines together which represented the symbolization of the style in Harbin.

原中东铁路管理局局长官邸
The Residence for Director of CER

建于 1904 年，位于南岗区耀景街，最初为中东铁路管理局局长霍尔瓦特的住宅，20 世纪 20 年代曾作为前苏联驻哈尔滨总领事馆主楼，建筑主体两层，局部三层为观景塔楼，砖木混合结构，现已毁。

入口侧与二层带有木构装饰外廊，栏杆呈现自由曲线形式。左侧墙面对称布置硕大的圆形装饰，端部立面用曲线划分出花格窗，线条自由婉转浪漫。建筑高低错落，富有变化。

It was built in 1904 and located in Yaojing Street, Nangang District. It was originally used as the official residence of Khorvat, director of CER Administration Bureau and later used as the General Consulate of Soviet Russia in Harbin in 1920s. The main building had two floors and the partial third floor was a viewing tower, brick-wood structure. Now destroyed.

A two-storey external corridor with wooden ornaments could be seen at the entrance side, while the balustrades were in free curves. At the end of facade there were curved-muntin windows showing elegant and romantic figures.

原中东铁路高级官员住宅（西大直街）
Residence for Senior Officer of CER (Xidazhi Street)

建于 20 世纪初，位于南岗区西大直街，主体两层，带有多边形攒尖顶阁楼，局部一层，砖木混合结构，现已毁，仅存建筑设计图纸。主入口为圆弧状，局部采用对称布局。开窗采用弧状和圆角等多种形式，墙面既有圆形与三条竖线组合的装饰语言，也有婉转自由的植物纹样装饰，屋脊、女儿墙有带曲线纹样的金属装饰。

It was built in early 20 century and located in Xidazhi Street，Nangang District. Main body of the building had two storeys with a polygon attic, and other parts of the building had only one storey. This brick-wood structure building had already been destroyed, only the design drawings remained. The main entrance was in circular shape where symmetrical layout was used partly. The arced and round-corner-head windows could be seen from the facade. There were not only the combination of circulars and three vertical lines, but also the plant patterns decorations used on the wall surface, and the ridge and parapet were decorated with metal curved patterns as well.

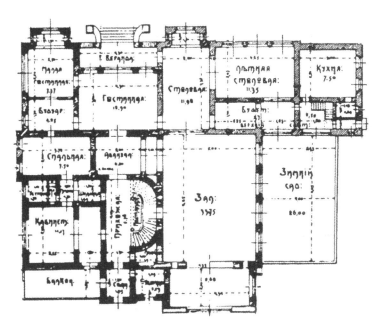

一层平面图 Plan of the first floor

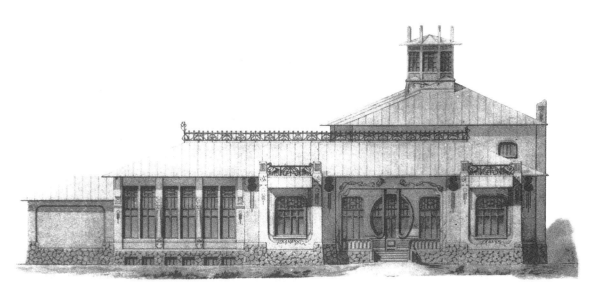

正立面图 Drawing of front facade

原中东铁路高级官员住宅（联发街 64 号）
Residence for Senior Officer of CER
(No.64 Lianfa Street)

建于 20 世纪初，位于南岗区联发街 64 号，原为中东铁路管理局副局长 M·E·阿法纳西耶夫住宅，建筑二层，砖木混合结构。平面布置灵活，体型高低错落，高起的阁楼控制了整个构图。建筑立面上形态各异的窗及窗贴脸采用圆形、弧线形、梯形、圆角等丰富多样的建筑语言，局部墙体轮廓呈流畅的曲线造型，赋予建筑以流动感，墙面局部有水平凹线脚装饰。主入口雨搭、阳台栏杆及檐口托脚为大量挥洒流畅的曲线形木构装饰，极富艺术表现力。

It was built at the beginning of 20 century, as the residence of M. E. Afanosiev who was the vice-director of CER Administration Bureau. Located at No.64 Lianfa Street, Nangang District, it is a two-storey brick-wood structure. The plan is flexible and the volumes are composed disorderly and unevenly, with the high attic dominating all the composition. Such various architectural languages as circular, arc, trapezoid and round corners are used in the design of the windows and window-casings. Parts of the wall adopt a smooth curved outline, which gives the building a sense of flow, and parts of the wall are decorated with concaved horizontal mouldings. Great deals of curved wooden decorative components are used on the canopy of the main entrance, railings of the balconies and the supporting elements under the eave, showing a great artistic expression.

阳台 Balcony

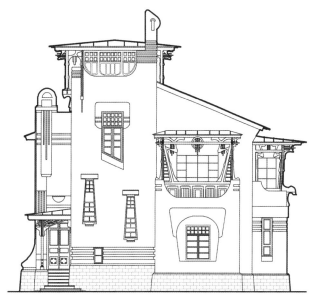

正立面图 Drawing of front facade

主入口 Main entrance

阳台 Balcony

木构装饰 Wooden ornament

侧立面图 Drawing of side facade

墙面局部 Part of the wall

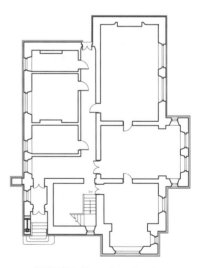

侧立面图 Drawing of side facade

一层平面图 Plan of the first floor

原中东铁路高级官员住宅（联发街 1 号）
Residence for Senior Officer of CER (No.1 Lianfa Street)

建于 1904 年，位于南岗区联发街 1 号，原为中东铁路管理局副局长官邸。建筑二层，带有阁楼，砖木混合结构，主入口左侧有单层附属建筑与主体相呼应。该建筑的造型、平面与联发街 64 号住宅相似。建筑装饰元素多用自由曲线，构件线脚造型独特精美，窗型多变，阳台集中了模仿自然界生长繁茂的草木形态的木构件装饰，表现出飘逸潇洒、生机勃勃的动态效果。凸起于屋面的装饰柱末端也处理成曲线轮廓。

It was the residence for vice-director of CER Administration Bureau which was built in 1904, located at No.1 Lianfa Street, Nangang District. This brick-wood house has two floors and a high attic, with a single-story subsidiary building on the left side of the main entrance, which echoes with the house. Its plan and appearance are quite similar to the one at No.64 Lianfa Street, adopting many free curves with many exquisite mould elements. The shapes of windows are changeable and the wooden elements of balconies imitate patterns of natural vigorous grasses and woods so as to possess an effect of vigor and vitality. The ends of decorative pillars which break through the eave are disposed in curved outlines.

北立面 North facade

墙面局部 Part of the wall

阳台 Balcony

正立面图 Drawing of front facade

墙面细部 Details on the wall　　　　墙面细部 Details on the wall　　　　墙面细部 Details on the wall

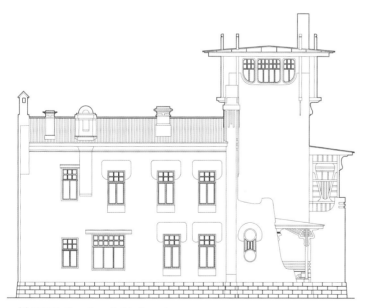

侧立面图 Drawing of side facade　　　　主入口 Main entrance

原中东铁路高级官员住宅（红军街 38 号）
Residence for Senior Officer of CER (No.38 Hongjun Street)

建于 1908 年，位于南岗区红军街 38 号，原为中东铁路管理局局长奥斯特乌莫夫官邸，建筑二层，砖木混合结构。带有帐篷式的木结构尖顶阁楼，阳台及入口雨搭的顶部为弧状，栏杆及柱子均做造型奇特曲线装饰，阳台与入口带有垂挂式木质同心圆和三条直线的装饰符号。檐下曲线形托脚被水平方向的直线形木条贯穿。原有木结构阳光房，轻盈通透，以自由的曲线纹样装饰。

It was built in 1908 with a two-storey brick-wood structure, and located at No.38 Hongjun Street, Nangang District. It was the official residence for B. V. Ostroumoff who was the director of CER Administration Bureau. The building has a wooden attic with a tent-like pinnacle. Wooden balcony and canopy at the entrance are full of curved ornaments, including the flat-arched canopies of balcony and entrance, pillars and railings, and the concentric circles and three vertical lines as decorations hanging under the canopies. Even the supporting timber elements under the eave are also designed in curves and connected by horizontal slim straight battens. There once was a wooden sunlight room, which was light and translucent with freely curved decorations.

现状照片
Current situation

主入口 Main entrance

阳台 Balcony

墙面局部 Part of the wall

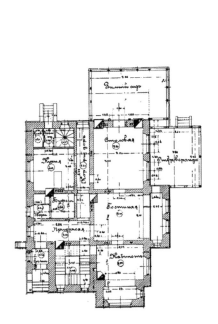

一层平面图 Plan of the first floor

正立面图 Drawing of front facade

历史照片
Historical photo

原中东铁路高级官员住宅（公司街 78 号）
Residence for Senior Officer of CER (No.78 Gongsi Street)

建成于 1908 年，位于南岗区公司街 78 号，原为中东铁路管理局副局长 С·П·希尔科夫官邸，建筑两层，带有帐篷式的木结构尖顶阁楼，砖木混合结构。

该建筑的造型和平面与红军街 38 号住宅相似，两者间局部装饰有微小差异。原有的木构阳光房立面采用流畅曲线分割，造型新颖别致。

Completed in 1908, located at No.78 Gongsi Street, Nangang District, it was the official residence of the vice-director of CER Administration Bureau. The two-storey brick-wood structure building has a wooden attic with tent-like pinnacle.

Its plan and appearance are quite similar to the one at No.38 Hongjun Street, only tiny differences of decorations between them. Originally there was a timber sunlight room with flowing curves and curved muntins, which was actually a novel and chic design.

历史照片
Historical photo

木构门廊 Wooden porch

木构装饰 Wooden ornament

木构装饰 Wooden ornament

正立面图 Drawing of front facade

侧立面图 Drawing of side facade

侧立面图 Drawing of side facade

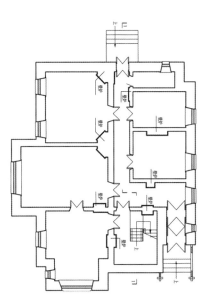

一层平面图 Plan of the first floor

原中东铁路高级官员住宅（文昌街）
Residence for Senior Officer of CER (Wenchang Street)

建于 1920 年，位于南岗区文昌街，建筑两层，砖木混合结构。

带有木结构帐篷式的尖顶阁楼，建筑平面布置灵活，体型高低错落，阳台及入口雨搭的顶部为弧状，栏杆、柱子及檐下有大量曲线的木质卷曲纹饰。阁楼及封闭阳台采用弧线形窗棂，并配以自由繁复的曲线装饰。外墙面砖为后期添加。

It was built in 1920, located in Wenchang Street, Nangang District. This two-storey building with a brick-wood structure is similar with that at No.78 Gongsi Street and that at No.38 Hongjun Street.

The building has a wooden attic with a tent-like pinnacle. The plan is flexible and the volumes are composed disorderly and unevenly. Wooden balcony and canopy at the entrance are flat-arched, pillars, railings and elements under the eave are full of curved timber ornaments. The attic and the enclosed balcony use curved muntins, and are decorated with free and complex curves. Wall tiles were pasted on the external surface after the first construction.

阳台 Balcony

侧立面 Side facade

正立面
Front facade

尖顶阁楼 Attic with a tent-like pinnacle

原中东铁路高级官员住宅（中山路 9 号）
Residence for Senior Officer of CER (No.9 Zhongshan Street)

  建于 1904 年，位于南岗区中山路 9 号，原为外阿穆尔军区司令 H·M·契恰戈夫将军官邸，建筑两层，砖木混合结构，现已毁。顶部带有凸出屋面的八边形塔楼和宽大的观景平台，设有轻盈纤细的金属栏杆。主入口门廊上部为阳台，早期有通透的栏杆。檐壁下有多道水平装饰线条。入口雨篷和门扇、正立面的圆角窗、侧墙的高大圆形窗、外楼梯等都充分运用曲线元素。建筑一侧通透的阳光房轻盈典雅与厚重石材的基座形成对比。

  Built in 1904 and located at No.9 Zhongshan Street, Nangang District, it was originally the official residence of the commander of the Amur Military Region. The building was a two-storey brick-wood structure. Now destroyed. On top of the roof there was an octagonal attic with a wide belvedere surrounded by light and slim metal railings. Upper part of the main entrance was a balcony, where there were transparent balustrades around it. Many horizontal mouldings were decorated under the frieze. Curves were widely used in the design of the canopy and door leaf of the entrance, round-corner-head windows on the facade, the big round windows and the external stairs. The sunlight room on one side of the building was light and slim, which sharply contrasted with the massive stone plinth.

历史照片 Historical photo

主入口 Main entrance

原中东铁路高级职员住宅（花园街 405—407 号）
Residence for Senior Staff of CER (No.405—407 Huayuan Street)

建成于 1930 年前，位于南岗区花园街 405—407 号，建筑二层，砖木混合结构。

立面采用对称式构图，主入口部分突出于主体，上部为圆角方额窗、拱形窗，以及由弧形檐与拱形三联窗组成的高起的女儿墙。水平的凹线脚均匀分布于墙面，曲线形托檐石造型精巧，顺滑的弧线与墙体完美融合。两侧对称设有两层高的木构阳光房，配以部分弧形木窗棂，通透轻盈。

It was built before 1930, located at No.405—407 Huayuan Street, Nangang District. It is a two-storey building with brick-wood structure.

The building is symmetric in composition and the central part is prominent on the main body. On the upper side of the entrance, there are round-corner-head window, arch window, and a high parapet with curved eave and arched triple window. Horizontal concaved mouldings are distributed evenly on the wall. The curved corbels with three vertical lines on it smoothly connect to the surface of the wall. There are two double-storeyed sunlight rooms attached symmetrically on both side of the building, which are transparent and light with some curved muntins.

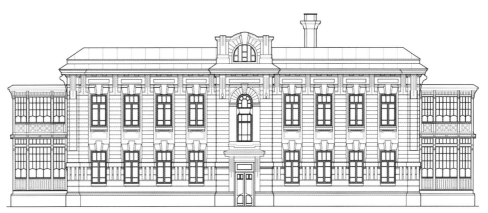

正立面图 Drawing of front facade

侧立面图 Drawing of side facade

墙面局部 Part of the wall

主入口 Main entrance

墙面局部 Part of the wall

托檐石 Corbels

原中东铁路高级职员住宅（耀景街 43-9 号）
Residence for Senior Staff of CER (No.43-9 Yaojing Street)

建于 1914 年，位于南岗区耀景街 43-9 号，单层砖木混合结构建筑。

女儿墙面上有圆环符号，清晰简洁，端部短柱饰以涡卷状浮雕。屋檐与窗之间为突出于墙面的圆形以及流苏式的装饰图样。局部女儿墙凸起，以丰富的图案装饰。

It was built in 1914, located at No.43-9 Yaojing Street, Nangang District. It is a brick-wood structure building with a single storey.

There are some clear and simple ring symbols on the parapet wall, and the short pillars on top of which are decorated with scrolled embossments. The circles and the tassel decorations on the wall are between the eaves and windows. Part of the parapet rises above other parts and is decorated with various patterns.

正立面图 Drawing of front facade

墙面局部 Part of the wall

女儿墙局部 Part of the parapet

女儿墙局部 Part of the parapet

东风街 19 号住宅
Residence at No. 19 Dongfeng Street

建造时间不详，位于道里区东风街 19 号，建筑三层，局部带有阁楼，砖木混合结构，现已毁。

立面呈中轴对称，顶部女儿墙轮廓线错落飘逸，曲线从高到低沿不同方向滑落，墙面有曲线及圆形装饰。檐下以曲线形轮廓的托檐石装饰。二、三层阳台金属栏杆呈交叉网格曲面造型，墙体壁柱带有非同心圆加竖线的装饰符号。

Located at No.19 Dongfeng Street, Daoli District, it was a three-storey brick-wood structure building, on parts of which there were attics. The construction time is unknown. Destroyed.

The elevation was structured with strict symmetry. The skyline of the parapet used several arcs symmetrically falling down from different height, and the parapet as the wall of attics adopted arched windows on it. The metal railings of the balconies on second and third floors were structured like trellis. Pilasters on the wall were decorated with the typical symbols of non-concentric rings and vertical lines which could be seen on the parapet as well.

正立面图
Drawing of front facade

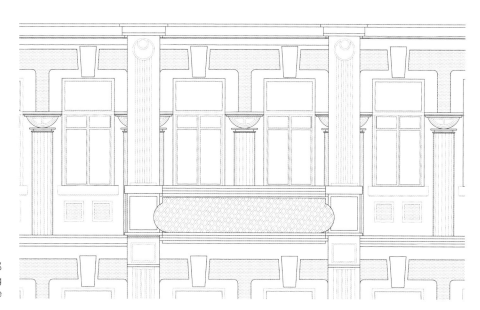

正立面图局部
Part of the drawing
of the facade

邮政街 305 号住宅
Residence at No.305 Youzheng Street

建成于 1910 年，位于南岗区邮政街 305 号，建筑二层，砖木混合结构。

总体对称布局，墙体带有横向条纹的装饰带，局部有通高两层的长窗，窗口为圆角曲线形。檐下的托檐石以三条竖线装饰，顺势而下连接了屋檐与窗体。墙面有同心圆与三条竖线的装饰符号，阳台金属栏杆为模仿昆虫形态的曲线装饰图案。

Completed in 1910, located at No.305 Youzheng Street, Nangang District, it is a two-storey brick-wood structure.

The building is symmetric and there are many horizontal decorative bands on the wall. Two blocks are prominent on the facade, on which there are two double-storey-high flat-arched windows and long slim corbels decorated with three vertical lines under the eave. The decorative symbols combining concentric circles with three vertical lines are also used on the wall, and the metal railings of balconies show the curved decorative patterns that imitate the shapes of insects.

墙面局部 Part of the wall　　　　墙面局部 Part of the wall　　　　室内楼梯 Indoor stairs

正立面图 Drawing of front facade

邮政街 307 号住宅
Residence at No.307 Youzheng Street

建成于 1910 年，位于南岗区邮政街 307 号，为单层砖木混合结构建筑。

窗间墙带有仿石的突出装饰带，强调横向划分。檐口宽大，层次丰富，下设对应窗间墙中心的弧形托檐石。女儿墙为砖砌墙墩与金属栏杆相结合，栏杆图案为圆形与曲线相结合的对称式构图，造型优美别致。

Completed in 1910, located at No.307 Youzheng Street, Nangang District, it is a single storey brick-wood structure.

There are horizontal brick bands on the facade alternating with the plastered bands decorated by stone-like elements, emphasizing the horizontal partition. On top of the large multi-layer cornice, the parapet is a combination of short pillars and metal railings, the pattern of which is elegant and in the symmetric composition of the combination of circles and stylistic lines.

女儿墙局部 Part of the parapet

墙面局部 Part of the wall　　　　　　女儿墙局部 Part of the parapet

正立面图 Drawing of front facade

邮政街 271 号住宅
Residence at No.271 Youzheng Street

建于 20 世纪初，位于南岗区邮政街 271 号，建筑二层，砖木混合结构。

女儿墙突起部分为弧线，首层为拱形窗。阳台金属栏杆以同心圆环加三条竖线的图案为母题，其重复的组合强化装饰符号的表现力。入口踏步两侧为厚重的曲线造型，极富感染力。

It was built in the early 20 century, located at No.271 Youzheng Street, Nangang District. It is a two-storey building with a brick-wood structure.

There are two different hill-like parapets high on the facade and the windows of the first floor are arched windows. The metal railings of the balconies are decorated with concentric rings and three vertical lines, which are repeatedly used to intensify the expression of the decorative symbols. Both sides of the entry stairs are in massive curved shapes which give a strong artistic appeal.

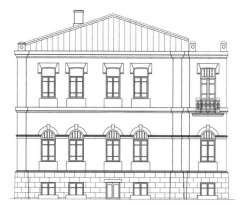

正立面图 Drawing of front facade

侧立面图 Drawing of side facade

室内楼梯 Indoor stairs

转角处 The turning corner

墙面局部 Part of the wall

经纬街 73—79 号、西十六道街 35—47 住宅
Residence at No.73—79 Jingwei Street, No.35—47 Xishiliu Street

建于 1920 年代，位于道里区经纬街 73—79 号、西十六道街 35—47 号，建筑二层，砖木混合结构。

女儿墙采用砖砌柱墩和金属栏杆组合，栏杆纹样卷曲自然，柱墩形状为圆形与梯形组合，表面饰以同心圆环和三条竖线的装饰符号，转角处女儿墙突出于主体，曲线形轮廓向两侧跌落。檐下有弧状托檐石支撑，墙面附有圆环与竖直线条装饰图案。二层阳台金属栏杆编织呈网状并呈曲面。

It was built in 1920s, located at No.73—79 Jingwei Street and No.35—47 Xishiliu Street, Daoli District. It is a two-storey building with a brick-wood structure.

The parapet consists of brick short pillars and metal railings, and the patterns of railings are naturally curled. Shapes of the short pillars are the combination of circle and trapezoid, and the surface of which are decorated with concentric circle and three vertical lines. Parapet at the corner is high on the eave with linear falling along both sides. There are curved supporting stones under the eaves and rings and vertical lines as decorative patterns on the wall. The metal railings of the balconies on second floor are trellis and in curve shapes.

女儿墙局部 Part of the parapet

墙面局部 Part of the wall

墙面局部 Part of the wall

女儿墙局部 Part of the parapet

正立面图 Drawing of front facade

经纬街 81—99 号住宅
Residence at No.81—99 Jingwei Street

建于 20 世纪 20 年代,位于道里区经纬街 81—99 号,曾作为日本监狱,原为两层,现为三层,砖木混合结构。
立面呈对称布局。二层为圆角窗,其上下墙面均有半圆弧状造型及装饰图案;墙面纵向排列着薄壁柱,主入口上方呈小的断山花造型,山花下接一对顺滑曲线的牛腿连至墙面。阳台金属栏杆造型随意,个性突出,竖向支撑杆件呈扭曲状。

It was originally a Japanese prison built in 1920s, located at No.81—99 Jingwei Street, Daoli District. It was a two-storey building, but now has been changed into three, made of brick and wood.

The facade is symmetric with the round-corner-head windows on the second floor, and there are semicircular moulds and decorative patterns on the wall up and down the windows. Thin pilasters appear on the facade, and small broken pediments are placed upside the entrances, under which there are a pair of corbels with flowing curves connected to the wall. The metal railings of balconies are free in shape with prominent characters, whose vertical pieces are twisted.

墙面局部 Part of the wall

墙面局部 Part of the wall

正立面图 Drawing of front facade

原圣尼古拉教堂广场住宅
Residence at the side of St. Nicholas Church Piazza

建造时间不详，位于南岗区红军街 43 号，主体两层，局部带有三层阁楼，砖木混合结构，现已毁。

建筑转角处女儿墙形成阁楼的立面，上有两个硕大的扁弧形窗，并竖向划分为三部分。窗下设突出墙面的阳台，其中部为通透的栏杆，下部有粗壮有力的弧状支撑，并饰以内凹装饰线。

It was located at No.43 Hongjun Street, Nangang District. This brick-wood building was mainly two-storey with part of three-storey with attics. The construction time is unknown and it had already been destroyed.

At the corner of the building, high parapets became the facades of the two attics, where there were two large flat-arched triple windows. Under the triple windows there were balconies extruded the wall with the transparent railings in the center, and supported by the powerful curved corbels, which were decorated by concave lines.

通江街 72 号住宅
Residence at No. 72 Tongjiang Street

建成于 1910 年，位于道里区通江街，主体二层，中间部分三层，砖木混合结构，现已毁。

立面对称。中心部分女儿墙为人字形曲线轮廓，两侧部分呈以短曲线连接成的半圆形。女儿墙间以弧状金属栏杆连接。两侧檐口下有弧形的托檐石，窗为拱形与圆角两种形式，阳台金属栏杆为圆形及网状的装饰纹样。

It was built in 1910 and located in Tongjiang Street, Daolii District. Main body of this brick-wood structure building was two-storey and the central part was three-storey. Now demolished.

The facade of this building was symmetric. The middle section of the parapet was in curved gable shape and both sides of it presented to be semicircle that formed by short curves. The parapets were linked by the arc metal railings. Curved supporting stones were placed under the eaves, arched windows were accompanied by round-corner-head windows with small pediments above, and the metal railings of balconies were decorated by rings and grid patterns.

南二道街 24 号住宅
Residence at No.24 Nan'er Street

建造年代不详，位于道外区南二道街 24 号，建筑两层，砖木混合结构。

左侧入口与其上阳台均设圆形门连窗。檐下托脚石侧面呈涡卷状，女儿墙中部的三角形表面饰以植物图案。窗间壁柱上饰有同心圆或偏心圆加三条竖线的符号。阳台金属栏杆为曲线形纹样并呈曲面。

该建筑位于中东铁路附属地之外的道外区，是新艺术风格向核心区以外地区传播和辐射的一个例证。

The construction time is unknown. It is located at No.24 Nan'er Street, Daowai District, and a brick-wood structure with two floors.

There are two round door-with-windows on both the left side entrance and the balcony on the second floor. The sides of the supporting stones under the eaves present scroll shape and the onion-like parapet in the center is decorated with plant patterns. The pilasters between windows are decorated with concentric circles and non-concentric rings and three vertical lines. The metal railings of camber balconies are in curve patterns.

This building, located in Daowai District which is outside the CER Zone, presents a sample of Art Nouveau style disseminating from the central urban area to the fringe.

正立面图 Drawing of front facade

主入口 Main entrance

墙面局部 Part of the wall

墙面局部 Part of the wall

海关街 3 号、7 号、15 号住宅
Residences at No.3, 7,15 Haiguan Street

建成于 1921 年之前，位于南岗区海关街 3、7、15 号，单层砖木混合结构建筑。

3 号与 7 号住宅为清水砖墙面，以砖砌肌理形成纵横装饰线条，墙身有对称曲线装饰线脚。15 号住宅局部设阁楼，墙面抹灰处理，临街立面弧线形女儿墙凸起于屋面，设有半椭圆形窗与弧线形贴脸。墙身以水平凹线脚将窗连接成整体，窗上口设有竖向砖砌线脚。建筑尺度亲切宜人，与周边环境相得益彰，形成温馨的居住氛围。

They were built before 1921 and located at No.3,7,15 Haiguan Street, Nangang District, which are single-storey brick-wood structures.

The residences at No.3 and No.7 have brick walls without plastering, forming vertical and horizontal decorative lines with brick textures and there are curved decorative moldings symmetrical on the wall. The residence at No.15 is plastered and has an attic on the roof. On the street facade, the curved parapet rises out of the roof, and there are elliptical window and arced molding above it. The windows are linked together by the horizontal concaved lines on the wall, above which there are groups of short three vertical lines made by bricks. The buildings are in elegant and pleasant scales that complement with the surroundings and thus form a warm living atmosphere.

海关街 3 号住宅墙面局部
Part of the wall, Residence at No.3 Haiguan Street

海关街 7 号住宅
Residence at No.7 Haiguan Street

海关街 3 号住宅檐口局部
Part of the eave, Residence at No.3 Haiguan Stree

海关街 15 号住宅
Residence at No.15 Haiguan Stree

海关街 7 号住宅檐口局部
Part of the eave, Residence at
No.7 Haiguan Stree

海关街 15 号住宅墙面局部
Part of the wall, Residence at
No.15 Haiguan Street

海关街 15 号住宅墙面局部
Part of the wall, Residence at No.15
Haiguan Street

海关街 15 号住宅东立面图
Drawing of the east facade, Residence at No.15
Haiguan Street

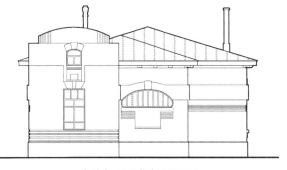

海关街 15 号住宅西立面图
Drawing of the west facade, Residence at No.15
Haiguan Street

下夹树街 23 号住宅
Residence at No.23 Xiajiashu Street

建于 20 世纪 20 年代，位于南岗区下夹树街 23 号，建筑三层，砖木混合结构。

顶层为阁楼，并设有椭圆形老虎窗，转角处阁楼冠戴方形小穹顶并配以小阳台，托檐石呈柔和的曲线造型，向下延伸与墙面装饰相连。室内外的金属栏杆图案各具特点，阳台栏杆为竖线与曲线结合，室外螺旋楼梯栏杆使用圆形加竖线的装饰符号，室内楼梯栏杆则为自由曲线。建筑形体比例和谐，装饰层次丰富，气质典雅而不失活泼，极具特色。

It was built in 1920s and located at No.23 Xiajiashu Street, Nangang District. It is the brick-wood structure with three floors.There are dormers on the top floor with elliptical windows, and the one at corner is capped with a square-based dome and a balcony. The supporting stones in gentle curves extend downwards and connect with the decorations on the wall. The patterns of metal railings indoor and outdoor are with their own characteristics, as the railings of balconies combining vertical lines with curves, and the outdoor spiral stairs railings using the decorative symbols of circles and vertical lines while the railings of indoor stairs in free curves. The building is in harmonious proportion, which is extremely characteristic and also elegant and vivid.

侧立面图 Drawing of side facade

正立面图 Drawing of front facade

墙面局部 Part of the wall

转角阳台 Balcony at the corner

墙面局部
Part of the wall

墙面局部
Part of the wall

外楼梯局部
Outdoor spiral stairs

阳台细部
Detail of a balcony

国民街 84 号住宅
Residence at No.84 Guomin Street

建于 1920—1930 年，位于南岗区国民街 84 号，建筑主体两层，带有帐篷式尖顶的木结构阁楼，砖木混合结构。阁楼檐下木构件为华丽流畅的曲线造型，木窗棂呈弧线及圆形。主入口木门镶嵌有椭圆形加竖线的符号，室内楼梯金属栏杆以竖线与球状装饰相结合。

It was built between 1920 and 1930, which is located at No.84 Guomin Street, Nangang District. The main part of the building is two-storey with a brick-wood structure, and there is a wooden attic with a tent-like pinnacle.

The timber components under the eaves of the attic are gorgeous and smooth curved, and the wooden muntins of the windows are flowing arc and circular. The wooden door of main entrance is sculptured with the symbol of ellipse and vertical lines, and the metal railings of the indoor stairs are decorated with the combination of vertical lines and globular decorations.

尖顶阁楼 Attic with a tent-like pinnacle

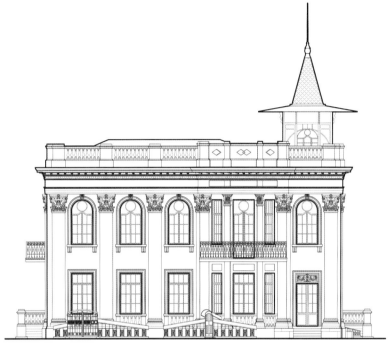

正立面图 Drawing of front facade

窗 Window

门 Door

阳台门 Door on the balcony

原中东铁路高级职员住宅（满洲里街 33 号）
Residence for Senior Staff of CER
(No.33 Manzhouli Street)

建于 20 世纪初，位于南岗区满洲里街 33 号，单层砖木混合结构建筑。

主体墙面由四个壁柱划分为三部分，顶部由女儿墙曲线连接，中部两壁柱顶端形似巨大的曲线形牛腿，并以圆形及三条竖线为装饰。局部墙面有凹凸两种装饰线脚。

It was built in the early 20 century and located at No.33 Manzhouli Street, Nangang District. It is a single storey brick-wood structure.

The main part of the wall is divided into three parts by four pilasters that are linked by curved parapet at the top. The tops of the central two pilasters present the flowing curves like large corbels, which are decorated by circles and three vertical lines. There are also concave and convex decorative moldings on part of the wall surface.

正立面图 Drawing of front facade

附录 哈尔滨新艺术建筑实例分布图
Appendix　Map of Art Nouveau Architecture in Harbin

●南二道街24号住宅

●原吉黑榷运局

●原哈尔滨商务俱乐部

原俄侨事务局

原吉林铁路交涉局●
原扶伦育才讲习所 ● 原秋林公司道里商店
马迭尔宾馆
原阿基谢耶夫洋行

东风街19号住宅 ● 原尚志小学 ● 原东省特别区地方法院

通江街72号住宅 原道里邮电局●
原密尼阿久尔茶食店 ● 原日本国际运输株式会社 买卖街92号建筑
中央大街42—46号建筑 哈尔滨分社 原日本朝鲜银行哈尔滨分行

原哈尔滨总商会会所 地段街77号建筑
经纬街81—99号住宅 原丹麦领事馆
经纬街73—79号、西十六道街35—47住宅

原齐齐哈尔驻哈尔滨办事处

原南满铁道"日满商会"

原中东铁路警察管理局　东大直街267—275号建筑

●原哈尔滨火车站
原中东铁路管理局宾馆
原海关大楼 ● 原契斯恰科夫茶庄

■ 现存建筑

■ 已毁建筑

■ 已毁建筑 具体位置不详

邮政街271号住宅
原莫斯科商场
邮政街305号住宅
邮政街307号住宅

原圣尼古拉教堂广场栏杆
国民街84号住宅
原圣尼古拉教堂广场住宅
原中东铁路高级官员住宅(红军街38号)
原陀思妥耶夫斯基中学
原中东铁路高级职员住宅
(满洲里街33号)
下夹树街23号住宅
原中东铁路高级官员住宅(中山路9号)
原中东铁路高级职员住宅 海关街3号、7号、15号住宅
(花园街405—407号)
原中东铁路督办公署
原意大利领事馆 原中东铁路高级官员住宅(联发街1号)
原中东铁路管理局 原中东铁路高级官员住宅(公司街78号)
原中东铁路高级官员住宅(西大直街) 原中东铁路技术学校
原中东铁路高级职员住宅(耀景街43-9号)
原中东铁路管理局局长官邸
原中东铁路商务学堂 原中东铁路高级官员住宅(联发街64号)

●原哈尔滨工业大学宿舍

原中东铁路高级官员住宅(文昌街)

参考文献
Bibliography

[1] 钱单士厘 . 癸卯旅行记 [M]. 长沙：湖南人民出版社，1981：86,62.

[2] 高峰，张惠涛出品 . 纪录片《中东铁路》第一集 . 中央电视台，2013-12-08.

[3] 克拉金 Н П. 哈尔滨——俄罗斯人心中的理想城市 [M]. 张琦，路立新，译 . 哈尔滨 哈尔滨出版社，2007: 49, 155, 4, 169, 163, 154, 258, 156-157, 176.

[4] 鲍威尔 坎尼斯 . 铁路建筑的发展方向 [M]. 王明贤，译 . 世界建筑，1995（3）：67.

[5] 李述笑 . 哈尔滨历史编年（1763—1949）[M]. 哈尔滨：黑龙江人民出版社，2013：13, 76, 79, 48, 33, 47.

[6] WOLF NORBERT. Art Nouveau[M]. Munich: Prestel Verlag, 2011：16, 161.

[7] 本奈沃洛 L. 西方现代建筑史 [M]. 邹德侬，等，译 . 天津：天津科学技术出版社，1996：237, 244.

[8] 里斯贝罗 比尔 . 现代建筑与设计——简明现代建筑发展史 [M]. 羌苑，等，译 . 北京：中国建筑工业出版社，1999：143.

[9] ORMISTON ROSALIND, ROBINSON MICHAEL. Art Nouveau: Posters, Illustration & Fine Art from the Glamorous Fin De Siecle[M]. London: Flame Tree Publishing, 2009: 33.

[10] MADSEN STEPHAN TSCHUDI. The Art Nouveau Style: A Comprehensive Guide with 264 Illustrations[M]. New York: Dover Publications, 2002: 113-125, 58-62.

[11] ETLIN RICHARD A. Turin 1902: The Search for a Modern Italian Architecture[J]. The Journal of Decorative and Propaganda Arts, 1989,13 Stile Floreale Theme Issue (Summer,): 94-109.

[12] 里亚布采夫 尤里 谢尔盖耶维奇 . 千年俄罗斯：10 至 20 世纪的艺术生活与风情习俗 [M]. 张冰，王加兴，译 . 北京：生活·读书·新知三联书店，2007：233.

[13] BORISOVA ELENA A, STERNIN GRIGORY. Russian Art Nouveau[M]. New York: Rizzoli International Publications, Inc., 1988：45, 41, 94, 35.

[14] 特拉亨伯格 马文，海曼 伊莎贝尔 . 西方建筑史（从远古到后现代）[M]. 王贵祥，等，译 . 北京：机械工业出版社，2011：426.

[15] BRUMFIELD WILLIAM CRAFT. The Origins of Modernism in Russian Architecture[M]. Berkeley: University of California Press, 1991：49.

图片来源
Picture Credits

图 1.1.1、图 1.2.4、图 1.2.5、图 1.2.9、图 1.2.11、图 1.2.12、图 3.3.12、图 3.3.15、图 4.3.5b、图 4.3.14a、P52 历史照片、P155 主入口（右上）、P189 历史照片、P197 历史照片、P213 历史照片（上）、P217 历史照片（中右）、P223 历史照片（上）、P209 历史照片、P225 历史照片、P227 历史照片（左上、左下）、P230 历史照片、P231 历史照片、P235 历史照片、P241 历史照片、P250 历史照片、P259 历史照片原载于《哈尔滨旧影大观》（哈尔滨建筑艺术馆编．黑龙江人民出版社 2005 年 10 月出版）

图 1.1.3、图 1.3.1、图 1.3.2、图 1.3.5、图 1.3.6、P242 图、P243 一层平面图、P243 正立面图、P252 一层平面图、P252 正立面图原载于《哈尔滨——俄罗斯人心中的理想城市》（Н·П·克拉金著．哈尔滨出版社 2007 年 9 月出版）

图 1.2.1、图 1.2.2 、图 1.2.3、P211 历史照片原载于《中东铁路大画册》（中东铁路工程局 1905 出版）

图 1.2.7、图 1.2.10、图 1.2.14、图 1.3.4、图 1.3.7 原载于《画说哈尔滨》（黑龙江省政协，退休生活杂志社编．华龄出版社 2002 年 12 月出版）

图 1.2.8、图 1.2.13、图 1.2.15、图 1.3.3、图 3.2.5、图 4.3.8f、P155 主入口（中）、P156—157 图、P192 历史照片、P219 历史照片（下）原载于《建筑艺术长廊——中东铁路老建筑寻踪》（武国庆编著．黑龙江人民出版社 2008 年 1 月出版）

图 2.2.1、图 2.2.2、图 2.2.4、图 2.2.7、图 2.2.10、图 2.2.12、图 2.2.13、图 2.2.14a、图 2.2.17、图 2.2.18、图 2.2.21、图 2.2.22、图 2.2.23、图 2.2.24、图 2.2.25、图 2.2.26、图 2.2.27、图 2.2.29、图 2.2.45、图 2.3.1、图 2.3.8 原载于 *Art Nouveau*（Norbert Wolf. Prestel Verlag 2011 出版）

图 2.2.3、图 2.2.5、图 2.2.6、图 2.2.8、图 2.2.11、图 2.2.15、图 2.2.16、图 2.2.19、图 2.2.20、图 2.2.28、图 2.2.31、图 2.2.46、图 2.3.3 原载于 *Art Nouveau:Posters,Illustration & Fine Art from the Glamorous Fin De Siecle*（Rosalind Ormiston, Michael Robinson. Flame Tree Publishing 2009 年出版）

图 2.2.9、 图 2.2.30、 图 2.2.43、 图 2.3.6 原 载 于 *Art Nouveau* （Klaus-Jürgen Sembach. TASCHEN GmbH 2010 年出版）

图 2.2.32、图 2.2.33、图 2.2.34 由都灵理工大学 Paolo Cornaglia 教授提供

图 2.2.44 来自于 http://en.wikipedia.org/wiki/Prudential_(Guaranty)_Building

图 2.4.1、图 2.4.2、图 2.4.3、图 2.4.4、图 2.4.5、图 2.4.6、图 2.4.7、图 2.4.8、图 2.5.1、图 2.5.2、图 2.5.3、图 2.5.4、图 2.5.5、图 2.5.7、图 2.5.8、图 2.5.9、图 2.5.10、图 2.5.11、图 2.5.12、图 2.5.14、图 2.5.15、图 2.5.16、图 2.5.17、图 2.5.18、图 2.5.19、图 2.5.21、图 2.5.24、图 3.4.4、图 3.4.5 原载于 *Russian Art Nouveau* (Elena A. Borisova, Grigory Sternin.Rizzoli International Publications, Inc. 1988)

图 2.5.6 来自于 http://en.wikipedia.org/wiki/Mindovsky_House

图 2.5.13 来自于 http://en.wikipedia.org/wiki/Yaroslavsky_railway_station

图 2.5.22、图 2.5.23 来自于 http://en.wikipedia.org/wiki/Fyodor_Lidval

图 3.2.6、图 3.3.11、图 3.3.13、图 3.3.18、图 3.3.26、图 4.2.9e、图 4.4.13c、图 4.4.14g、图 4.4.14i、P166 南立面、P183 图、 P198 图、 P199 图、 P200 图、P201 图、P277正立面、P258 图、P259 主入口、P262 图、P276 图、P208 图原载于《哈尔滨建筑艺术》（常怀生编著 . 黑龙江科学技术出版社 1990 年出版）

图 4.1.16a、P154 图、 P155 站台、P158 历史照片、P164—165 侧立面设计图、 P166 正立面设计图、P213 历史照片（下）、P252 历史照片原载于《百年前邮政明信片上的中国》（图尔莫夫著 . 张艳玲译 . 哈尔滨工业大学出版社 2006 年出版）

图 4.3.5a、 图 4.3.12a、 图 4.3.12b、 图 4.3.12c、 图 4.3.13c、 图 4.3.13d、 图 4.4.9c、P155 平 面 图、 P158 背立面局部、P158 主入口细部、P160—161 图、P217 立面设计图原载于《中东铁路建设图集》（1896—1903,1904）

P215 历史照片来自于 http://218.10.232.41:8080/was40/search?channelid=50334

前环衬照片作者李政伦

后环衬历史照片原载于 *Китайско-Восточная железная дорога*（1909）

图 1.1.2、P182 历史照片、P194 历史照片、P217 历史照片（中左）、P254 历史照片出处不详

后 记
Postscript

随着 1978 年秋天的到来，我走进了当时还是哈尔滨建筑工程学院的大楼，从此开始了与新艺术建筑亲密接触的生活。那时还是什么都不知道的建筑学本科生，更不知道什么是新艺术建筑。后来从建筑史老师那才知道我所在的这栋建筑就是新艺术建筑。时光过隙，一晃几十年过去了，一直没有离开过这栋新艺术建筑，几乎天天与它朝夕相伴。从见到它的第一天起，就有一种完全说不清的感受萦绕在心头。它流畅的建筑线条，奇特的门窗造型，高起圆润的塔楼，还有那表情奇妙的雕塑头像，都始终深深地感动着我。无论春夏秋冬的环境色彩如何变化，都能与这栋建筑构成那么和谐、生动、完美的画面。我也相信它的艺术魅力能深深地打动每一位站在它面前的人。

从 1985 年研究生毕业留校任教从事建筑历史教学工作开始，心中就一直有个意愿，有机会有时间时一定要好好地了解和认识一下哈尔滨的新艺术建筑。其实，若干年来哈尔滨新艺术建筑一直吸引了很多专家学者的关注，他们在不同的期刊与会议上发表了多篇相关学术论文，也出版过《哈尔滨新艺术建筑解析》一书，取得了丰硕的研究成果，我的硕士研究生也做过哈尔滨新艺术建筑研究的论文。但总觉得还是没有把哈尔滨新艺术建筑这一珍贵建筑文化遗产的影响力提升到它应有的历史地位。我始终认为撰写一本全面介绍和解读哈尔滨新艺术建筑的著作是非常有必要的。如何正确评价这份不可多得的建筑文化遗产的历史价值和艺术价值，既是前人留给我们的一个课题，也是一份责任。

因此，近些年有意识地陆续组织建筑学本科生和建筑史研究生对若干栋哈尔滨新艺术建筑进行了测绘，也先后对每一栋现存的新艺术建筑做了细致的调查，积累了一定数量的文字与照片图纸资料等。两年前拟定计划撰写的《哈尔滨新艺术建筑》一书又有幸被列入国家"十二五"重点图书出版规划，同时又获得了黑龙江省精品图书出版工程专项资金的资助。此时，同样对新艺术建筑感兴趣的王岩副教授的加入，使这本书的撰写能够得以顺利地完成。经过不断的努力，这本书终于走到了今天。

写作这本书的过程，是不断地向哈尔滨新艺术建筑学习的过程，也是不断地发现哈尔滨新艺术建筑价值的过程。这期间学到了很多，也想到了很多。

其一，哈尔滨作为中国近代史上非常年轻的城市之一，其建筑文化在诞生伊始就站在一个高起点和高品位上，它不仅汇集了俄罗斯优秀的建筑师，也汇集了当时最新的建筑理念。新艺术建筑思潮成为哈尔滨建筑文化的主流与时尚，这既符合这个城市早期发展的性格，也符合整个世界建筑思潮涌动的趋势。从文化地理学的视角来解读，哈尔滨新艺术建筑是在具有较少文化根基的情况下由于文化传播与流动，一跃登上了世界近代建筑的舞台，并且从此绚丽绽放在遥远的东方。这些新艺术建筑的存在是哈尔滨的骄傲，也是哈尔滨作为国家级历史文化名城最有价值的组成部分之一。能与这些美丽动人的建筑相生相伴，这应该是我们的荣幸。

其二，哈尔滨远离欧洲大陆的独特地理位置，受欧洲传统建筑思想影响较少，这里成为俄罗斯建筑师的建筑新思潮的试验与展示场。哈尔滨的新艺术建筑结合了当地与本民族的文化，表现出了对外来文化的继承、变异与整合，它不是简单的模仿与搬迁，而是在原型基础上的再创造，形成了自己的独特的建筑形态，其对新材料、新形式的探索，对时代审美趣味的追求，都体现出新艺术与以往不同的"新"的创造精神。这份宝贵的建筑遗产不但至今仍在装点着这座美丽的城市，而且还在不断地启示着当代建筑设计者，只有永远保持创新精神才是建筑永恒的唯一途径，只有创新才能赋予建筑以生命。

其三，哈尔滨的新艺术建筑数量多、规模大、特色强，流行时间长，并因此在中国近代城市与建筑史上占有重要的地位。哈尔滨新艺术建筑及其建筑语言的表达，几乎遍布在城市历史街区的各个角落。有学者曾撰文称哈尔滨新艺术建筑之集中，在世界上是独一无二的。如果我们称哈尔滨为"新艺术之城"，它是当之无愧的。但是，随着近些年城市的快速发展，一栋栋新艺术建筑却在悄然地消失，其速度之快叫人无法理解。仅存的若干栋哈尔滨新艺术建筑大部分也是在风雨飘摇之中，其状况实在令人担忧，曾经的新艺术之城的风韵早已荡然无存，城市的历史记忆被一点点淡漠。在全球关注文化遗产保护的今天，这种局面必须立即得到制止。保护好仅存的哈尔滨新艺术建筑是每一个人的责任，从认识和解读哈尔滨新艺术建筑做起，是我们能做到，也应该去做的。

最后，这本书的写作得到了很多人的助力和关照。博士生曲蒙、司道光与硕士生张丽娟、王晓丽、才军、褚峤参与了部分文字的写作。博士生李琦、张书铭、何璐西参与了本书的英文翻译、图片拍摄、部分文字整理修订等工作。我的朋友王瑾如女士帮助拍摄了几乎全部现存的哈尔滨新艺术建筑，并且很多建筑选择不同季节拍摄了多遍，令我十分感动。我的同事卞秉利先生为了提升本书的品质，也投入了大量的精力，其精益求精的态度着实令我钦佩。此外，好友武国庆先生热情提供了哈尔滨老火车站的历史图片，陈莉女士在建筑测绘图上给予了支持。还有很多朋友也都为本书的出版默默地给予了不同程度的各种无私帮助，在此一并表示感谢。

刘大平

2015.12

作者简介
Profile of the Authors

刘大平，1955 年生人，工学博士，哈尔滨工业大学建筑学院教授，博士生导师。长期从事中国建筑史、建筑设计等教学和科研工作，主要研究方向为建筑文化遗产保护与再利用、中国建筑史论等。

LIU Daping, born in 1955, D.E., is a professor and Doctoral tutor of School of Architecture, Harbin Institute of Technology. He has engaged in teaching the History of Chinese Architecture and Architectural Design for decades of years, and his research field focuses on conservation and revitalization of architectural heritages, as well as the history and theory of Chinese architecture.

王岩，1969 年生人，工学博士，哈尔滨工业大学建筑学院副教授，硕士生导师。多年从事中外建筑史、中外园林史的教学和科研工作，主要研究方向为建筑文化遗产保护与再利用、近代建筑文化等。

WANG Yan, born in 1969, D.E., is an associate professor and Master tutor of School of Architecture, Harbin Institute of Technology. She mainly engages in teaching the History of Sino-Western Architecture, and the History of Sino-Western Gardens. Her recent research focuses on conservation and revitalization of architectural heritages, as well as Chinese modern architecture.

图书在版编目（CIP）数据

哈尔滨新艺术建筑 / 刘大平，王岩著. —哈尔滨：
哈尔滨工业大学出版社，2016.10
（地域建筑文化遗产及城市与建筑可持续发展研究）
ISBN 978-7-5603-5833-8

Ⅰ.①哈… Ⅱ.①刘… ②王… Ⅲ.①城市规划–建筑设
计–研究–哈尔滨市 Ⅳ.①TU984.235.1

中国版本图书馆CIP数据核字（2015）第318633号

策划编辑　杨　桦
责任编辑　范业婷　杨明蕾
装帧设计　卞秉利
出版发行　哈尔滨工业大学出版社
社　　址　哈尔滨市南岗区复华四道街10号　邮编150006
传　　真　0451-86414749
网　　址　http://hitpress.hit.edu.cn
印　　刷　哈尔滨市石桥印务有限公司
开　　本　889mm×1194mm　1/16　印张19.5　字数527千字
版　　次　2016年10月第1版　2016年10月第1次印刷
书　　号　ISBN 978-7-5603-5833-8
定　　价　180.00元

（如因印刷质量问题影响阅读，我社负责调换）

ISBN 978-7-5603-5833-8

9 787560 358338 >